H. LAUFENBERG

WISSENSCHAFT,
DIE NEUE RELIGION?

W0178933

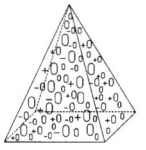

Theorie sucht Praxis

buladi Verlag
Dietmar Laufenberg
Wacholderstrasse 5
D-15517 Fürstenwalde / Spree

Inhalt, Gestaltung, Illustrationen und Cover:
Hans Laufenberg
Copyright ©

*

Druck:
Print Group Sp. z o.o.
ul. Ks. Witolda 7-9
71-063 Szczècin (Polen)

ISBN 978-3-00-042859-3

für
Sophia, Stefanie, Alexandra, Andreas,
Katharina und Gummibärchen

MMXXI

Cover

Die Coverumrandung ist eine Anlehnung an die Darstellung - *Der unmögliche Tribar* - von R. Penrose. Das sich jeder realen Herstellung widersetzende Konstrukt, steht symbolisch für eine abstrakte (mathematische) Denkweise des Menschen.

Das Bild stellt den Menschen in den Mittelpunkt seiner selbst geschaffenen Welt. Es zeigt den modernen Menschen als Gefangenen im Rahmen seines abstrakten Denkens. Darin scheint sich alles in einer mathematischen Ordnung zu bewegen. Auf dieser Grundlage hat er sich weit von der Natur entfernt. Dafür steht die Darstellung der Sterne, die alle mehr oder weniger auf einer Linie liegen.

Wer das Trennende sucht, wird es finden und zu seiner Erfahrung machen.

Wer das Verbindende sucht, wird es finden und zu seiner Erfahrung machen.

Welche Eigenschaft Du auch suchst, sie ist Teil Deiner Persönlichkeit.

Vorwort

Mein Entschluss dieses Buch zu schreiben, entspringt meiner Leidenschaft für Zusammenhänge und der Gewissheit, dass es keine Lücken im Universum gibt. Aber auch dem Gefühl, bei dem sich mein Innerstes gegen die Vorstellung wehrt, dass große Teile der Menschheit nicht in der Lage sein sollten, aufgrund eigener Beobachtungen, die wesentlichen Abläufe in der Natur zu verstehen. Dieser, gewiss subjektive Eindruck wird einem Nichtwissenschaftler adhoc vermittelt, wenn er sich mit wissenschaftlichen Themen auseinandersetzen möchte. Sie werden feststellen: Es ist alles eine Frage der Kommunikation, und das meine ich wörtlich. Charles Darwins Evolutions- und Albert Einsteins Relativitätstheorie, gehören wohl zu den am schwersten verständlichen Theorien. Um zu verstehen mit welchen Sichtweisen und Annahmen Darwin und Einstein zu ihren Ergebnissen kamen, habe ich ihre jeweilige Theorie auf der Grundlage überprüf- und sichtbarer Modelle, für jeden verständlich, dargestellt. Ich gehe davon aus, dass es nichts Unverständliches oder Unergründliches gibt und dies oftmals nur Ausdruck eines geistigen Machtanspruchs ist, je weiter man sich von den Beobachtungen entfernt. Nun kann und will ich Darwin und Einstein einen solchen Anspruch keinesfalls unterstellen, dafür gibt es nicht den geringsten Hinweis - im Gegenteil. Er kann aber als Tatsache auch nicht verschwiegen werden: Wissen ist Macht und die Legitimation für Wahrsager zu allen Zeiten. Wenn also ihre Theorien für Erklärungen von Abläufen in Anspruch genommen werden, die schlicht auf Schlussfolgerungen oder Mutmaßungen beruhen und für die es überhaupt keine physikalisch oder biologisch sichtbaren Nachweise gibt, wie beispielsweise Zeitreisen in Schwarzen Löchern oder, dass Astronauten jünger aus dem All zurückkehren, dann sind es solche angeblichen Beobachtungen, die bisher nicht belegt, oder aufgrund ihrer Reichweite und Unfassbarkeit benannt werden und die zur Mythen- und Legendenbildung einladen.

„Erst die Theorie entscheidet darüber, was wir beobachten können." Ob dieser Satz von Einstein dazu geführt hat, dass Theorien heute mehr denn je im Vordergrund stehen, oder ob er nur eine intuitive Vorgehensweise formuliert hat, kann nicht genau gesagt werden. Es scheint, dass sich etliche Untersuchungen mit den wissenschaftlichen Nachweisen mathematischer Modelle und Theorien beschäftigen, deren Auswirkungen völlig unbekannt sind. Wissenschaft darf kein, meist von der Öffentlichkeit finanzierter Selbstzweck sein, sondern sie muss ihre Legitimität durch Beobachtungen begründen. Beflügelt werden Verschwörungsideologien oder Theorien aller Art, ausgerechnet durch wissenschaftliche Studien: Durch die Fokussierung auf einen Sachverhalt, werden nach wissenschaftlichen Prinzipien zwar die wichtigsten Ergebnisse zusammengetragen, es bleiben aber andere auf der Strecke, deren Bedeutung nicht erkannt, oder unterschätzt wurden. Die alte Weisheit: „Nachher ist man immer schlauer", sollte nicht als unabwendbares Naturereignis zur Rechtfertigung der Herstellung umweltschäd-

licher Substanzen und Produkte missbraucht werden, sondern eher zur Vorsicht mahnen. Ich erinnere in diesem Zusammenhang an den "Ozonkiller" FCKW. Die Wissenschaften haben sich den Anspruch, das erlangte Wissen zum Wohle der Menschheit anzuwenden, auf die Fahnen geschrieben. Dazu gehört auch ein transparenter Umgang mit den Ergebnissen. Tatsache ist, dass die Wissenschaft vielfach hinter ihrem Anspruch nicht nur zurück bleibt, sondern zum eigenen Wohle das genaue Gegenteil tut: Die zunehmende Unbewohnbarkeit der Erde, darf nicht in Wegwerfmentalität dazu genutzt werden, um unter dem Deckmantel wissenschaftlicher Forschung im All nach einer Ersatzerde zu suchen. Ich bin davon überzeugt, dass es noch heftige Auseinandersetzungen über die Frage geben wird: Ehren sich die falschen Wissenschaftler mit dem Nobelpreis [1]? Es ist heute schon fraglich, warum Jemand, der sich "Vater der Wasserstoffbombe" nennt, einen Nobelpreis erhalten hat.

Die aufkommenden Befürchtungen, vor allem der Jugend die um ihre Zukunft bangt, sind verständlich und scheinen, angesichts der allgemeinen Wahrnehmungen berechtigt. Die damit verbundene Hysterie mag mancher als übertrieben bezeichnen, sie berechtigt aber weder zu einer Leugnung des dramatischen Artensterbens, noch der ansteigenden Erderwärmung. Beides wird durch Zahlen belegt. Zahlen scheinen, trotz unterschiedlicher Interpretation, oft der einzige glaubwürdige Parameter zu sein. Über das Maß der Beteiligung der Menschheit am Klimawandel, kann man streiten, es berechtigt aber nicht dazu, so weiter zu machen wie bisher. Das haben Politik und Gesellschaft erkannt. Gut so! Wissenschaft und Politik setzen auf effiziente Hochtechnologie und künstliche Intelligenz. Die sollen schaffen, was alle vorangegangenen Errungenschaften nicht geschafft haben: ein Leben in Wohlstand und Sicherheit, ohne unsere Lebensgrundlagen weiter zu zerstören. Doch warum sollte ein Austausch von Technik, die auf genau denselben Grundlagen entsteht, etwas an der Ausbeutung und Vermüllung unseres Planeten ändern?

„Willst du einen Teich trockenlegen, darfst du nicht die Frösche fragen!" Bei diesem arroganten Umgang mit der Natur, versuche ich die Position der Frösche einzunehmen. Die kann selbstverständlich nicht human sein bei einer Frage, in der es wahrhaftig um Leben und Tod geht. Denn es zeichnet sich ab, dass die Zukunft der Menschheit mindestens so fraglich ist, wie die der Frösche und sie an der Arroganz ihres vermeintlichen Wissens scheitert: Sie kann der Natur keinen Nachhilfeunterricht, z.B. mit Genmanipulationen, erteilen. Vermittelt wird das Weltbild einer universellen Kommunikation, in der alles mit allem zusammenhängt. Zu vielen Beobachtungen, bei denen Zusammenhänge vermutet werden, liegen keine Messergebnisse oder Zahlen vor, aus denen sich Korrelationen ableiten lassen. Es soll daher nicht verschwiegen werden, dass auch ich teilweise in Bereiche der Spekulation gerate, vor allem wenn es um mögliche Auswirkungen von Schadstoffen auf die Umwelt, bzw. unsere Gesundheit geht.

H. LAUFENBERG

WISSENSCHAFT, DIE NEUE RELIGION?

Theorie sucht Praxis

INHALTSVERZEICHNIS

Mathematisch idealisierte Räume

Die Welt, in der wir leben, besteht aus Kommunikationen, einem allgemeinen Informationsaustausch von Energien aller Art. Wir bezeichnen uns gerne als moderne Kommunikationsgesellschaft, womit überwiegend die modernen Kommunikationsgeräte gemeint sein dürften. Wir haben unsere sinnlichen und physischen Fähigkeiten durch technische Adaptionen erweitert: Fühlen, Riechen, Hören, Sehen und Schmecken übernehmen Fernrohre, Mikroskope, Mikrofone oder andere Sensoren. Fahren oder Fliegen ersetzen unsere Fortbewegung und Schießen das Werfen. Damit haben wir mathematische Räume und Produkte geschaffen, die wir als evolutionären Fortschritt feiern. Auto, Flugzeug, ICE, PC und Smartphones, ebenso die Produkte der Chemie- und Pharmaindustrie, vom Medikament bis zum Pestizid, sind Bestandteile unseres gelebten Alltags. Ohne Finanz-, Verkehrs-, und Wirtschaftssysteme ist unsere Welt weder vorstellbar noch funktionsfähig.

Die Mathematik ist wohl die abstrakteste Form der Kommunikation. Menschen erkannten früh, das in der Natur angelegte Narrativ der Summenbildung. Mathematik steckt in vielem und sie scheint etwas mit der allgemeinen, aber auch unserer eigenen Biologie zu tun zu haben: Seit unzähligen Generationen lernen Kinder an ihren Fingern das Zählen. Mehr oder weniger ein Hinweis auf die Herkunft des Zehnersystems. Im Titelbild sind einige der vielen mathematischen Hinweise dargestellt: Die unter dem Begriff „Goldener Schnitt" bekannte proportionale Aufteilung findet sich auch in den Seiten-, Längen- und Höhenverhältnissen zahlreicher historischer Bauwerke wieder. Leonardo da Vinci hat sein berühmtes Menschenbild nach dem Goldenen Schnitt gezeichnet und es nach dem römischen Architekten Vitruv [2] benannt, der diese mathematische Verhältnismäßigkeit ebenfalls in seinen Bauwerken verwendet hat. Der Mathematiker Leonardo Fibonacci [3] entdeckte bei zahlreichen Pflanzen - und Tierarten das mit Phi bezeichnete Teilungsverhältnis, was angesichts der früher vorhandenen Artenvielfalt nicht verwundert. Der niederländische Maler und Grafiker M. C. Escher [4] schuf in seinen Bildern flächendeckende, mathematisch aufgeteilte Anordnungen metamorphierender Wesen. Er stellt beispielsweise dar, wie sich Fische in Vögel verwandeln. Man vermutete eine besondere mathematische Begabung, die er zweifellos hatte. Allerdings konnte Escher, nach eigenen Aussagen nicht mehr mit Mathematik anfangen als der Durchschnittsbürger. Das Interessante an seinen Grafiken ist, dass es keine Lücken zwischen diesen dargestellten Formenübergängen gibt. Kunst ist die Freiheit der Interpretation und für mich stellen seine Bilder die lückenlose Transformationskommunikation der Schöpfung dar.

Philosophen legten durch Beobachtung und die Entwicklung mathematischer Regeln, den Grundstein für unsere Zivilisation. Sie wurden zur Grundlage mathematisch idealisierter Räume. So werden in diesem Buch grundsätzlich alle Produkte bezeichnet, die auf der Grundlage von Mathematik, Physik oder Chemie berechnet, und in Folge von Aufsummierung (Anreicherung) hergestellt wurden oder werden. Dazu zählen auch gesetzliche Festlegungen, wie beispielsweise die von Grenzwerten für Schadstoffeinträge. Mathematisch idealisierte Räume änderten unsere Kommunikation, unser Verhalten, entfremdeten uns von der Natur und führten zum heutigen Zustand unseres Planeten. Eine Parallelwelt, die der Natur entgegensteht.

Der Mensch will sich wohlfühlen! Dieser Satz hat oberste Priorität im Leben eines jeden Menschen und er wird alles tun, vor allem in seiner Kommunikation und Argumentation, um diesen Zustand zu erreichen, bzw. ihn zu bewahren. Wir alle wissen, womit wir uns wohlfühlen: Die Versorgung unserer existenziellen Bedürfnisse und die Illusion einer allgemeinen, öffentlichen Sicherheit. Zahlen entscheiden nicht nur über menschliche Schicksale, sie sind persé unparteiisch und überprüfbar. Sie vermitteln eine quantitative Wahrheit und Verlässlichkeit - eine Sicherheit mit der wir rechnen können. Aus diesem Grund wollen wir nicht auf sie verzichten. Allerdings verstärkt dieses Gefühl die negative menschliche Eigenschaft der Gier und führt unter anderem zu: Schneller, Höher, Weiter. Anhand einer einfachen Rechnung soll der negative Einfluss der Mathematik auf unsere Wahrnehmung und Kommunikation verdeutlicht werden:
Ein Apfel minus ein Apfel ist im mathematischen Raum gleich Null Apfel (1-1=0).
Mit dieser Banalität sind Generationen aufgewachsen und wachsen immer noch auf. Sie hat sich, mit fata-

len Folgen als unerschütterliche Wahrheit in unserem Gedächtnis festgesetzt. Menschen glauben daran, dass etwas zu Null werden kann und einfach verschwindet. Sie glauben daran, dass Entsorgungsfirmen ihren Abfall auf nimmer Wiedersehen verschwinden lassen. Und die Wissenschaft ist im großen Stil daran beteiligt, wenn sie behauptet, dass etwas nicht (mehr) nachgewiesen werden kann. Die Lücken in unserem Wissen, wurden durch die reduzierte Sprache der Mathematik nicht kleiner. Im Gegenteil, sie wurden nur verschleiert: Das Element Wasser, bezeichnen Chemiker mit $2H_2O$, ein Wassermolekül. Wir können alle Beobachtungen mit unserer einfachen Sprache beschreiben, wir müssen nur die richtigen Begriffe dafür finden. In der menschlichen Kommunikation, ist die Bezeichnung von Beobachtungen von großer Bedeutung. Lange bevor wir etwas über den Inhalt der Bezeichnung wissen, geben wir ihr eine Physis: Mit Gott bezeichnen wir eine Vorstellung von etwas Unerklärlichem. Obwohl seine Physis konkret nie nachgewiesen wurde, glauben viele an sie. Ebenso verhält es sich mit der Zeit, die wir, wie wir glauben, sogar messen können. Von dem Physiker Werner Karl Heisenberg ist überliefert, dass er zu Beginn jeder Vorlesung ein physikalisches Problem im normalen Sprachgebrauch erörterte, bevor er es in die reduzierte Kommunikation der Mathematik übersetzte. Er begründete dies damit, dass so die Probleme genauer und verständlicher beschrieben werden können. Wie wahr! Und ich will an dieser Stelle meine Sympathie für diesen Menschen, der ein großer Naturverehrer war, nicht verschweigen.

Ich komme zurück auf den Apfel, der im natürlichen Raum seine Form ändert, indem er entweder gegessen wird, oder vergärt. Er kehrt in den natürlichen Kreislauf zurück. In der Natur ist ein Apfel eine von vielen Energieformen, und die kann nach dem ersten Energieerhaltungssatz nur umgewandelt werden: *Energie kann weder vernichtet noch erzeugt, sondern nur umgewandelt werden.* In der Natur kann niemals etwas zu Null werden, was für die Kommunikation allgemein bedeutet: Man kann nicht, nicht kommunizieren. Mathematik ist eine, auf ein bestimmtes Ergebnis reduzierte Kommunikation die alle anderen Faktoren und Ergebnisse nicht zulassen muss und ausblenden kann: Die Reduzierung auf Sein oder Nichtsein führt zur objektfokussierten Sichtweise und zu Produkten mit angereicherten, hochkonzentrierten homogenen Inhalten.

Nahezu alle Produkte in mathematisch idealisierten Räumen erfüllen bestimmte Aufgaben oder dienen dem Zweck, dass Menschen sich wohlfühlen, vor allem aber funktionieren sollen. Die können sie nur erfüllen, wenn die bestimmten Eigenschaften in Summe vorhanden sind. Wir können einzelne Atome nicht sehen, sie werden erst durch ihre Eigenschaften in großer Summe sichtbar. Mathematisch idealisierte Räume werden aus physikalisch idealisierten Stoffen hergestellt, die in der Natur beispielsweise als Gold, Silber oder Diamanten vorkommen. Destillieren, Diffundieren, Kondensieren, Extrahieren oder Zentrifugieren – sind einige Summierungsverfahren, die geeignet sind, sich die spezifischen Eigenschaften und Informationen in Stoffen zunutze zu machen. Angereichert oder Aufsummiert bedeutet, dass die natürlich durchmischt vorkommende Materie, wie beispielsweise Kupfererz, einen physikalischen, thermischen oder chemischen Trennungsprozess durchläuft. Dies ist notwendig, um an die im Erz gebundenen spezifischen Eigenschaften oder Informationen zu gelangen. Schließlich wachsen Kupferkabel nicht in der Natur. Auch die Herstellung der ersten Atombombe entstand durch ein Summierungsverfahren. Otto Hahn war in einem Laborversuch die erste Kernspaltung [5] gelungen. Es hatte sich herausgestellt, dass das seltene Uranisotop U235 besonders gut für den Beschuss mit Neutronen geeignet war. Dabei wurde eine Vielzahl von Neutronen freigesetzt. Die brachten dann ihrerseits wieder Urankerne zur Explosion und lösten eine Kettenreaktion aus. Für den Bau der Hiroshimabombe benötigte man eine sogenannte kritische Masse von etwa zwei Kilogramm. Um einen hohen Reinheitsgrad zu Erreichen, wurde U235 durch Zentrifugen von den in der Natur häufig vorkommenden U238 Isotopen getrennt.

Ein Flugzeug besteht ebenfalls aus angereicherten Stoffen. Es unterscheidet sich nicht nur in der Form von einem Vogel, sondern vor allem in seiner Kommunikation mit der Natur: Ein Vogel wächst im Bewusstsein seines Lebensraums auf. Er kommuniziert entsprechend mit seiner Umgebung, weiß wie er an Nahrung kommt, weiß wann es Zeit wird sich zu paaren und ein Nest an der richtigen Stelle zu bauen. Sein Handeln ist den Bedingungen in seinem Lebensraum unterworfen, die auch seinen Tod einbezieht. Ein Flugzeug kommuniziert mit dem Lebensraum, indem seine Turbinen Luft ansaugen und mit unbeschreiblichem Lärm Treibstoff verbrennen und dadurch den notwendigen Schub, aber auch die unerwünschten Abgase erzeugen. Seine Bezüge zur Natur sind die Rohstoffe und die Atemluft. Im Lebensraum der Flugzeuge, spielen Zeit und Geld eine ebenso wichtige Rolle.

Wir können feststellen, dass im natürlichen Raum eine alles verbindende Kommunikation stattfindet, wogegen sie im mathematisch idealisierten Raum nach Erreichen der finanziellen Wertschöpfung beendet wird. Tatsächlich beendet ist sie damit nicht, wenn das Flugzeug auf dem Müll landet. Die zur Fertigung benötigten Rohstoffe wurden der Natur entnommen. Ich bin fest davon überzeugt, dass alle Rohstoffe nicht rein zufällig an ihrem Platz lagern - im Gegenteil. In der Natur hat, aufgrund der stattfindenden Kommunikationen, alles einen ganz bestimmten Platz erhalten. Die menschliche Kommunikation wird von mathematisch idealisierten Räumen unterschiedlich beeinflusst: Schwimmbad, Flugzeug oder Restaurant vermitteln durch ihre Gestaltung, sowie ihre Bau- und Werkstoffe ganz bestimmte Informationen. Sie üben einen unmittelbaren nachbarschaftlichen Einfluss auf uns aus und bestimmen über ihre Form, unsere Funktion und unser Verhalten. Ich denke dabei an große Sportereignisse, an politische oder religiöse Organisationen und Institutionen: Wer die Kommunikation beherrscht, beherrscht den Raum und die Massen, und umgekehrt.

Raum & Zeit, Theorie sucht Praxis

1 Gleich zu Beginn möchte ich eine kritische Stimme zu Wort kommen lassen, wie die der theoretischen Physikerin Sabine Hossenfelder [6], die eine verfehlte Richtung im Bereich der theoretischen Physik anprangert. Nach ihrer Meinung hat diese sich in einen Bereich abseits beobachtbarer natürlicher Prozesse manövriert. Verantwortlich dafür macht sie fehlende experimentelle Ergebnisse aktueller Theorien und den Veröffentlichungs- und Zitationsdruck, dem sich viele Wissenschaftler aussetzen.

2 In der Korrespondenz mit dem Titel: *Der Teil und das Ganze* [7] von Werner Karl Heisenberg, schreibt Albert Einstein an seinen Physikerkollegen: „Die Theorie entscheidet darüber, was wir beobachten können." Er ist von jeher der Grundsatz wissenschaftlicher Forschung zum Verständnis beobachtbarer Ereignisse in der Natur. Mit theoretischen Modellen versucht die Wissenschaft die Vorgänge in der Natur zu beschreiben um sie besser zu verstehen. Nirgendwo im Universum ist, nach derzeitigem Kenntnisstand, die Anzahl möglicher Beobachtungen größer als auf der Erde. Alle dazu gehörenden Informationen, sind in irgendeiner Form energetisch gebunden: Stabile Informationen sind formgebundene oder feste Energien, wie Stein oder Metall. Instabilere Informationen sind formende oder formfreie Energien, wie Gravitation, Strahlung, Licht, Schall, Feuer oder elektrische Ladungen. Ein Text lässt sich beispielsweise auf drei Arten speichern, die über

seine Dauerhaftigkeit entscheiden: in Stein gemeißelt, auf Papier geschrieben oder in Gedanken festgehalten. Über die Dauerhaftigkeit gespeicherter Informationen entscheiden die äußeren Bedingungen, mit denen die Stoffe kommunizieren. Je energetischer die Speicherung der Informationen, desto eher unterliegen sie der Veränderung und je eher entstehen Fehler beim Abrufen der gespeicherten Information. An Gefühle gebundene Gedanken haben oftmals eine längere Haltbarkeit, als Gedanken die wir uns merken wollen, beispielsweise die einer spät erlernten Sprache.

3 Nichts trügt mehr als die Erinnerung, und nur die ständige Wiederholung, bewahrt sie vor dem Verlust. Verantwortlich dafür ist wohl die Gravitation. Sie steckt in der kleinsten Information und ihre Kräfte lassen nichts an ihrem Platz, keine Sterne, uns nicht und unsere Gedanken nicht. Sie summieren sich zu einem unbeschreiblich komplexen Energiewirbel, der Räume entstehen lässt und das Universum gestaltet. Räume, und damit wir selbst, sind unsere sichtbare Gegenwart und das Ergebnis aus der Kommunikation energetischer Informationen. Sie sind der Platz den die Energien zur Speicherung und Umwandlung ihrer Informationen benötigen. Im Beispiel des sogenannten Knallgasexperiments, summieren sich durch Energiezufuhr die Informationen Wasserstoff $2H_2$ und Sauerstoff O_2 zu $2H_2O$, einem neuen Raum - einem Wassermolekül. Solche Prozesse sind in geringem Umfang im Mikrokosmos für uns unsichtbar. Erst die Aufsummierung, mit der eine Zunahme der Massenträgheit einhergeht,

macht sie für uns im Makrokosmos sichtbar und lässt den Augenblick der Gegenwart statisch erscheinen: Bei Temperaturen über null Grad Celsius würde sich ein einzelnes Eiskristall unmittelbar verflüssigen. In der Aufsummierung von Eiskristallen, in der Mitte eines Schneeballs, dauert dieser Prozess deutlich länger und wird dadurch sichtbar.

4 Der Physiker und Träger des Alternativen Nobelpreises Hans-Peter Dürr schreibt in seinem Buch *Warum es ums Ganze geht*, „[…], dass sich die Welt im Bruchteil einer Sekunde neu zusammensetzt[…]"[8]. Die millionenfach kontinuierlich, zeitgleich stattfindenden Transformationen sind ein ständiger Formenübergang, beispielsweise vom Regentropfen zur Wasserpfütze, zum Meer, zu Eis, zur Wolke und so weiter.

5 Aufgrund der Beobachtung, dass Uhren im Bereich großer Massen und deren Anziehungskräfte, unterschiedliche Zeiten anzeigen, hat Einstein seine spezielle Relativitätstheorie (SRT) veröffentlicht. Allerdings fehlten in seinen Berechnungen die von Massen ausgeübte, und von Isaak Newton formulierten Gravitationsgesetze. Aus gutem Grund gelang es ihm nicht die Gravitation einzubinden, wie wir gleich sehen werden. Zehn Jahre später veröffentlichte er schließlich die allgemeine Relativitätstheorie[9], in der er darlegt, dass die Zeit für die Krümmung im Raum, entlang der Gravitationswellen mit Verantwortlich ist.

6 Während wir in einen Raum hineingeboren werden,

uns tagtäglich darin bewegen und halbwegs verstehen, um was es gehen könnte, entzieht sich die Zeit permanent unserem Zugriff. So versuchte einst der Mathematiker und Physiker Hermann Minkowski in der Auseinandersetzung mit der Einstein´schen Relativitätstheorie, mithilfe eines vierdimensionalen Raum-Zeit-Diagramms [10] die geheimnisvolle Wechselbeziehung zwischen Raum und Zeit zu erklären. (Da es sich um ein theoretisches Modell handelt, was sich kaum Jemand in der Praxis vorstellen kann, wird auf dieses Modell nicht eingegangen.) Einstein hatte 1905 mit seiner Theorie das bis dahin geltende Weltbild einer allgemeingültigen Zeit gekippt. Er kam wie Minkowski und viele andere Wissenschaftler zu dem Schluss, dass Raum und Zeit nicht unabhängig voneinander existieren können. Es blieb bei der allgemeinen Feststellung: Raum und Zeit sind ein Kontinuum - also immer und untrennbar voneinander vorhanden.

7 Die Zeit lässt sich recht einfach in einem Transformationsmodell (Figur 1) darstellen.

Figur 1

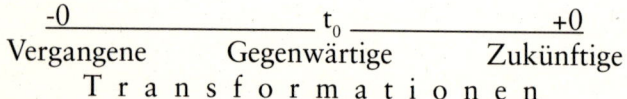

Zeit ist nach gültiger Definition - beispielsweise: t_0 = 17:00 Uhr - ein Skalar. Ein scheinbar erzeugter Vektor ist die Folge mathematischer Aufsummierung:

$t_1 + t_2 + \ldots = t_n$ und stellt einen Zeitraum dar. Der wesentliche Unterschied zu anderen Skalaren, wie Liter oder Kilogramm besteht darin, dass diese durch ihren Inhalt räumlich begrenzt sind.

8 Auf der Grundlage dieses Modells können wir feststellen, dass ein beobachtbares Ereignis, oder eine Transformation unmittelbar in der Gegenwart zum Zeitpunkt t_0 stattfindet. Das folgende Beispiel soll die Umwandlungsprozesse in der Gegenwart zum Zeitpunkt t_0 symbolisieren.

9 Die Umfangsgeschwindigkeit am äußeren Ende eines sich drehenden Windrades zur Elektrizitätserzeugung hängt unter anderem vom Radius seiner Rotorblätter ab. Wird dieser in der Achsenmitte zu Null, dann steht nach mathematischer Gleichung das Windrad still, weil sich seine Rotorblätter aufgelöst haben: Es entsteht ein statischer Zustand bei dem keine Transformation: Drehbewegung => Strom, stattfindet. Wie ist dieser Konflikt zwischen mathematischer Theorie, die dem ersten Energieerhaltungssatz widerspricht, und der physikalischen Praxis aufzulösen? Die Lösung besteht darin, durch den mathematischen Nullpunkt auf die „andere Seite" zu wechseln: Aus der mathematischen Null wird ein physikalischer Fluchtpunkt Pt_0. Dieser Punkt ist kein Richtungspunkt, sondern der Moment, in dem sich alles der Dauerhaftigkeit und Statik entzieht, also flüchtet. Er definiert sich auf der Grundlage des ersten Energieerhaltungssatzes und der Annahme, dass es keinen leeren Raum gibt.

10 Beeinflusst durch den physikalischen Zustand des jeweiligen Raums, finden in Pt_0 durch permanente Energiekommunikationen im unsichtbaren Mikrokosmos alle universellen Transformationen statt. Die Formen werden erst in der Aufsummierung im Makrokosmos, beispielsweise in oder als Wasser, Erde, Luft und Feuer, sichtbar. Die zukünftige Realität beginnt in Pt_0. Er kann als Medium eindeutiger Zuordnungen betrachtet werden, da sich alles was sich darin entwickelt, unseren Interpretationen entzieht. Das schränkt die Aussagekraft wissenschaftlicher Nachweise erheblich ein.

11 In der Natur gibt es keinen physikalischen Zustand mit dem mathematischen Wert Null und bei keinem Vorgang kann ein absoluter Nullpunkt **gemessen!** werden. Der Grund: Hätte die Zeit einen physikalischen Nullpunkt, gäbe es einen statischen Zustand und das Universum hätte logischerweise einen Anfang und ein Ende. Bevor aber dieser Zustand überhaupt erreicht wird, wandeln sich die Energien um. Sie präsentieren sich dann stets in neuen Formen und Zuständen. Vergleichbar ist dieser Prozess mit einer laufenden Waschmaschine als symbolischer Lebensraum, in dem sich alles um die Nullpunkte dreht: Die Trommel dreht den gesamten Inhalt, das Einzelteil sich um sich selbst. Zu keinem Zeitpunkt haben Hemd und Hose (als physisch unveränderliche Daseinsstruktur) dieselbe Form. Der physikalische Fluchtpunkt Pt_0 ist ein Punkt mit dem mathematischen Wert einer unendlichen Größe, die in Summe zur Massenträgheit und Orientierung führt, und eine mathematische Statik erlaubt.

12 Nach Ansicht der Wissenschaft weist die Irreversibilität [11] - also die Unumkehrbarkeit abgelaufener Ereignisse und Abläufe, auf eine eindeutige Zeitrichtung hin. Eine eindeutige Richtung kann in einem Raum, beispielsweise durch die Höhe x, die Länge y und die Breite z, als Koordinatenpaar: x_1,y_1,z_1 und x_2,y_2,z_2 definiert werden. Wir überprüfen diese Aussage und nehmen ein halbvolles Gefäß mit Wasser, verschließen es und setzen es abwechselnd Temperaturen zwischen -5 und +5 Grad Celsius aus, ohne seinen Standpunkt zu verändern. Das Wasser ändert, so oft wir wollen, ohne dass eine Richtungsänderung erkennbar wird, seine Form. Das lässt sich auch in der Natur beobachten.

13 Der große Selbstbetrug in der Zivilisationsgeschichte beginnt mit der Einführung des Zeitbegriffs, in Verbindung mit Mathematik und der Erfindung der Uhr: Die Zeiger der Zählmaschine machten aus „dem Treten auf der Stelle", eine Vorwärtsbewegung wie wir sie auf vielfältige Weise in unserer Welt wahrnehmen. Die Zeit erhielt durch die Uhr eine eigene Physis, die zu einem paradoxen Verhalten führte. Die Unterwerfung der Ereignisse, bzw. der Kommunikation unter das Diktat einer Zählmaschine, eines mathematischen Maßstabs, verkehrte Ursache und Wirkung in ihr Gegenteil: Die zum Eigenleben erweckte Zeit, wurde als Versprechen, Teil einer Prophezeiung: zu einem bestimmten Zeitpunkt an einem bestimmten Ort zu sein, oder ein Ereignis stattfinden zu lassen. In der Folge führt und führte dies nicht nur zu Zeitdruck und Zeitmangel, sondern auch zu Einsteins Relativitätstheorie.

14 Sie ist ein perfektes Beispiel dafür, welchen Einfluss die Mathematik im mathematisch idealisierten Raum auf die Physik ausübt. Sein Gedankenexperiment startete auf folgenden Grundlagen: Raum und Zeit sind untrennbar miteinander verbunden; Der Einfluss von Geschwindigkeit und großen Massen auf Uhren, die je nach Position langsamer oder schneller gehen und eine konstante Lichtgeschwindigkeit im leeren Raum. Das Ergebnis des Gedankenexperiments lautet zusammengefasst: In einem bewegten Raum, auch Inertialsystem genannt, beispielsweise einem Flugzeug, herrschen eigene physikalische Regeln. Durch das Raumzeitkontinuum und die gemessenen Zeitunterschiede zwischen einer Uhr innerhalb und einer zweiten Uhr außerhalb des bewegten Systems, kommt es zu einer mathematischen Zeitverschiebung (Zeitdilatation). Die Grundlagen für dieses Gedankenexperiment finden im Labor statt, sie sind so in der Natur nicht vorhanden. Trotzdem wurde diese Sichtweise allgemein auf die Natur übertragen und seither ist die Wissenschaft bemüht, sie mit zahlreichen Beobachtungen zu beweisen, wie beispielsweise der, dass sich dadurch der Alterungsprozess verlangsamt und Astronauten jünger aus dem Weltraum zurückkehren[12]. Dies wurde noch nie nachgewiesen: Eine Schlussfolgerung ist kein Beweis. Denn für den Alterungsprozess sind nicht die Zeit, sondern vor allem die Bedingungen im jeweiligen Lebensraum und die eigene genetische Grundlage des Stoffwechsels verantwortlich.

15 Überprüfen ließe sich diese These möglicherweise

durch einen Versuch mit zwei gleich großen Apfelhälften, die jeweils in geschlossenen Behältern, unter gleichen Bedingungen einem Vergärungsprozess ausgesetzt werden. Während die eine standortgebunden auf der Erde bleibt, fliegt die andere in der ISS um die Erde. Nach einer gewissen Zeit sollte dann die bewegte Hälfte besser erhalten sein als die standortgebundene auf der Erde. Der geringere Einfluss der Erdgravitation könnte aber auch zu einem gegenteiligen Ergebnis führen: Die innere Anziehungskraft in einer der Apfelhälften, wird proportional zur Entfernung und Masse der Erde größer und der Verfall beschleunigt sich. Das jedenfalls scheint das Phänomen zu bestätigen, wonach Muskel- und Knochenmasse, sowie das Gehirnvolumen der Astronauten bei längerem Aufenthalt im Weltall schrumpfen [13]. Dies alles deutet eher auf einen beschleunigten Alterungsprozess hin. Wäre Einsteins Theorie richtig, dann gäbe es einen zeitlichen Nullpunkt: Auf der einen Seite würden wir schneller alt, auf der anderen Seite immer jünger, während dazwischen die Zeit und alles still stehen würde.

16 Nach Stephen Hawkings Definition einer guten Theorie „[...], muss sie eine große Klasse von Beobachtungen auf der Grundlage eines Modells beschreiben, das nur einige wenige beliebige Elemente enthält, und sie muss bestimmte Voraussagen über die Ergebnisse künftiger Beobachtungen ermöglichen, [...]" (vgl. Stephen Hawking) [14]. Zwar lassen sich mit der Zeit exakte Berechnungen über die Ankunft von Objekten durchführen, vorausgesetzt wir kennen Geschwin-

digkeit und Strecke. Für eine zuverlässige Vorhersage benötigt die Zeit aber eine physikalische Wirkung auf ein beobachtbares Ereignis. Die fehlt ihr: Ob ein Zug abfährt oder ankommt, hängt nicht von der Zeit ab, und ob es schneit, hängt auch nicht vom Kalender ab. Dafür sind einzig und allein die Bedingungen in dem Raum verantwortlich, in dem das Ereignis stattfindet.

17 Weiter schreibt Hawking, ist eine Theorie gescheitert wenn nur ein Argument gegen sie spricht. Dabei muss auch der Umkehrschluss gelten, wenn kein einziges Argument für sie spricht: Wir können feststellen, dass zahlreiche Hinweise gegen die physikalisch wirksame Existenz der Zeit, im gegenwärtigen allgemeinen Verständnis, sprechen. Nicht zuletzt, kommt das stärkste Argument von Werner Karl Heisenberg. In der Diskussion mit Carl Friederich von Weizsäcker über *Die Kopenhagener Deutung der Quantentheorie*, sagt er den Satz: [...] „Denn die Meßanordnung verdient diesen Namen ja nur, wenn sie in enger Berührung steht mit der übrigen Welt, wenn es eine physikalische Wechselwirkung zwischen der Messeinrichtung und dem Beobachter gibt."[15] . Spätestens bei dieser Feststellung, hätten Wissenschaftler stutzig werden müssen, weil sie zwischen mathematischen und experimentellen Ergebnissen unterscheidet. Gott würfelt nicht, hat Einstein einmal zu Heisenberg gesagt. Ich füge hinzu: Er rechnet auch nicht, deshalb hat die Natur keinen Kalender und keine Uhr. Die Umrandung der Vorder- und Rückseite des Covers (Hinweis S. 7) zeigt, wie eine mathematische Grafik an ihrer praktischen Durchführbar-

keit scheitert. Deshalb braucht die Theorie die Praxis.

18 Wissenschaftler vermuten aufgrund der Relativitätstheorie, dass in Schwarzen Löchern Zeitreisen möglich
sind. Sie sind ein beliebtes Thema und beruhen auf einem simplen Effekt: Wir fahren mit einer Geschwindigkeit von X km/h auf eine Ampel zu, die bei unserem
Eintreffen auf Rot schaltet. Wären wir mit X^2 km/h
gefahren, dann hätten wir das vorangegangene Rot erreicht, usw. Wissenschaftler schließen daraus, dass wir
uns bei immer höheren Geschwindigkeiten in der Zeit
zurück bewegen können. Sie werten Lichtpulse aus, die
uns erst nach Lichtjahren aus dem Kosmos erreichen,
und wähnen sich damit auf der Spur des „Urknalls"-
dem Beginn unseres Universums. Im Teilchenbeschleuniger LHC [16] in Cern, wird Grundlagenforschung zur
Zusammensetzung der Materie mit dem gleichen Ziel
betrieben: Teilchen werden mit nahezu Lichtgeschwindigkeit auf Kollisionskurs gebracht, um den Urknall zu
simulieren. Beim ersten Versuch gab es Befürchtungen,
dass die Erde in einem Schwarzen Loch verschwinden
könnte. Diese Befürchtung konnte nicht eintreten, weil
die mathematische Beziehung zwischen Geschwindigkeit und Zeit einen physischen Zustand zum Zeitpunkt
Pt_0 zwar erklären, ihn aber nicht ändern kann: Man
kann nie das vorherige Rot der Ampel erreichen.

19 Nach Isaak Newton üben Massen eine wechsel-
seitige Anziehungskraft aus. Wenn die Gravitation
immer und überall in Massen vorhanden ist, und in
unterschiedlichen Formen sichtbar werden kann, dann

sind Licht und elektrische Ladung, beispielsweise in Form eines Blitzes ihre nächsten, etwas langsameren Verwandten. Es gibt eine sehr energiereiche Kommunikation zwischen ihnen: Denn kaum einer Energieform gelingt es so leicht die Anziehungskräfte zu überwinden. Deshalb bezweifele ich die Annahme der Wissenschaft, dass in Schwarzen Löchern, wenn sie denn existieren, eine extreme Gravitation herrscht. Das genaue Gegenteil scheint mir wahrscheinlicher: Denn in einem Hurrikan vermutet zunächst jeder die höchsten Windgeschwindigkeiten in seinem Zentrum. Tatsächlich werden sie außerhalb des Auges gemessen. So könnte es sich auch in einem Schwarzen Loch verhalten. Denn die stärksten Gravitationen werden in der Summierung von Massen, beispielsweise in großen Sternen gemessen. Die Überwindung der dominanten Erdanziehung verbraucht viel Energie, vor allem dann, wenn eine Masse senkrecht vom Erdmittelpunkt weg, angehoben wird. Wird diese im Weltraum aufgehoben, dann muss sich ihre innere Gravitation, nach dem ersten Energieerhaltungssatz ändern. Da sich ihre Masse aber nicht verändert hat, dürfte es Auswirkungen auf ihre Massenträgheit haben. Einen ähnlichen Effekt dürfte es haben, wenn beispielsweise Uhren mit einem Flugzeug horizontal, mit hoher Geschwindigkeit transportiert werden: Entweder gehen sie langsamer weil sie durch die Wellenkämme der Magnetfeldlinien abgebremst werden, oder sie gehen aufgrund höherer innerer Reibung langsamer.

20 In der Quantentheorie kann, nach Heisenbergs Un-

36

schärferelation [17] ein Teilchen auch eine Welle sein. Übersetzt bedeutet es: Wir wissen nicht mehr was wir beobachten. Gerade so, als gingen wir bei strahlendem Sonnenschein in ein Nebelfeld. Spätestens hier endet die sichtbare Praxis, die eine Theorie bestätigen könnten. Dies gilt ab einem bestimmten Punkt für alle Wahrnehmungen, Studien, usw. Nach Heisenbergs Unbestimmtheitsrelation haben Uhren den falschen physikalischen Antrieb: Notwendig wäre ein Antrieb der Gravitation, der sofort deutlich macht, dass mit einem Chronometer Transformationen gemessen werden, die der Zeit ihren Inhalt geben. Die Gravitation ersetzt deshalb die Zeit im sogenannten Kontinuum. Indirekt beschreibt Heisenberg auch die Grenzen der Interpretation von Messungen an Objekten die wir nicht sehen können. Wissenschaftler drehen den Prozess einfach um und versuchen mithilfe technischer Einrichtungen, wie beispielsweise riesige Radioteleskope und mathematischen Berechnungen ihre modellhaften Vorstellungen zu bestätigen. Uhren liefern hierzu weitere Zahlen, die als Grundlage für berechnete Beobachtungen herangezogen werden können. Nun wird Niemand ernsthaft Einsteins Genie in Frage stellen wollen. Das tue auch ich ausdrücklich nicht, zumal er selbst an seiner Theorie gezweifelt hat. Denn alle beobachtbaren Vorhersagen, wie die Rotverschiebung, vergleichbar der Morgen- und Abendröte, sowie die Raumkrümmung, werden von der Gravitation beeinflusst. Nachfolgend lassen sich vier Sätze zu möglichen Zuständen von Gravitation, Raum und Zeit formulieren:

Die vier Sätze

1. Es gibt keinen informationslosen, leeren Raum und keinen physikalischen, statischen Zustand. Raum und Gravitation bilden ein Kontinuum.

2. Raum ist der Platz, den die Energien zur Speicherung und Umwandlung ihrer Informationen benötigen. Beeinflusst durch den physikalischen Zustand des jeweiligen Raums, finden in Pt_0 durch permanente Energiekommunikationen im unsichtbaren Mikrokosmos alle universellen Transformationen statt.

3. Zeit, der mathematische Abstand menschlicher Organisation und Ordnung von Vergangenheit und Zukunft, ist das Kommunikationsergebnis aus dem Wahrnehmungskonflikt zwischen einer scheinbaren räumlichen Statik (Massenträgheit) und den darin ablaufendenden Transformationen.

4. Die Zeit entwickelt keine physikalische Wirkung und kann nicht gemessen werden. Raum und Zeit sind kein Kontinuum. Es ist unmöglich, den physikalischen Fluchtpunkt der Gegenwart Pt_0 im Sinne einer Zeitreise zu verlassen.

21 Ein Stabmagnet hat an seinen beiden Enden Pole mit entgegengesetzter Ladung. Teilt man einen Stabmagneten immer weiter, bilden sich nicht nur immer neue Pole, sie rücken auch immer näher zusammen. Am theoretischen Ende dieses Prozesses, blieben nur noch unterschiedliche elektrische Ladungen übrig und es sollte zwangsläufig zu einem Kurzschluss kommen. Weil auch Sterne und Planeten über ein Magnetfeld und Polarität verfügen, dürfte sich etwas Ähnliches im Universum abspielen. Stephen Hawking beschreibt in seinem Buch das Wesen Schwarzer Löcher, die alles in ihrem Einflussbereich anziehen. Dadurch nehmen Masse, Gravitation und elektrische Ladung zu. Würde sich dieser Prozess fortsetzen, wäre das Universum irgendwann verschwunden. Die zunehmende Verdichtung erzeugt Wärme und die festen Strukturen lösen sich auf. Es kann vermutet werden, dass sich aus der Kommunikation zweier unterschiedlicher Ladungen durch einen Kurzschluss Materie in Form von Sternen bildet.

22 Unsere Geburt läuft ähnlich ab: Bei der Zeugung treffen mit Ei und Samenzelle zwei Informationen mit unterschiedlichen Ladungen aufeinander. Der stattfindende „Kurzschluss" führt zu einer fortgesetzten Zellteilung: Es entsteht ein neuer Raum im Raum, ein neues Lebewesen. Die Informationen aus Ei, Samenzelle, Lebensraum und den Lebensverhältnissen, in und außerhalb der Mutter, prägen seine physischen und psychischen Formen. Sie werden langlebig, z.B. im Knochenmaterial gespeichert, beeinflussen den

Stoffwechsel und sind Teil des Unterbewusstseins. Der „Sterbeprozess" bleibt zunächst unbemerkt, da weniger Zellen absterben als neue gebildet werden. In Quantensprüngen verlassen wir ständig unsere organische Form, deutlich zu erkennen an der Entwicklung der Neugeborenen. Am Ende unseres Lebens, so berichten Nahtoderfahrene, zeigt sich oftmals ein helles Licht. Das deutet aus physikalischer Sicht auf „Kurzschlüsse" der zusammenbrechenden Energieströme hin.

23 Möglicherweise ist die Kommunikation zweier Informationen der Ausgangspunkt für das gesamte Universum: Permanente Instabilität ist das Wesen der Gegenwart. So könnte der Urknall kontinuierlich stattfinden. Dem Prinzip eines Perpetuum Mobile folgend, halten sich gleichwertige Kräfte paarweise durch Kurzschluss im Ungleichgewicht. Die Kommunikation selbst müsste mit vielfacher Lichtgeschwindigkeit ablaufen, denn $E=mc^2$ besagt, dass keine Masse schneller sein kann als das Licht. Um eine permanente Instabilität zu gewährleisten, muss sich Masse permanent auflösen und wieder zusammensetzen: Die Energiebilanz muss nach dem Energieerhaltungssatz im Universun gleich Null sein: $E_{vorher} = E_{nachher}$. Pt_0 ist der Puls der Gegenwart, der unser Herz schlagen lässt. Das Massegewicht scheint beim Erhalt der mittleren Körpertemperatur von ca. 36,5° bei Menschen keine Rolle zu spielen, sonst hätten kleine Menschen eine niedrigere Körpertemperatur, als große. Allerdings dürfte die Massenträgheit das schnelle „Abbrennen" verhindern. Figur 2 zeigt das universelle Kommunikationsmodell.

Figur 2

Mikrokosmos
formende / formfreie Energie

Gravitation

r ä u m l i c h e r   E i n f l u ß

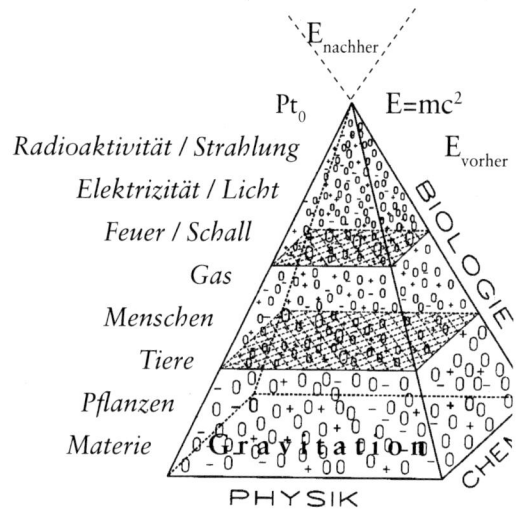

Pt_0 $E=mc^2$

Radioaktivität / Strahlung

Elektrizität / Licht

Feuer / Schall

Gas

Menschen

Tiere

Pflanzen

Materie

BIOLOGIE

CHE

PHYSIK

formfeste Energie
Makrokosmos

- = Vergangenheit

0 = Gegenwart (t_0)

+ = Zukunft

Kommunikationsraum in Form einer Pyramide

Evolutionstheorie

1 Es scheint, dass das was wir sehen und wahrnehmen, Ergebnisse dynamischer Aufsummierungen einer Kommunikation von Energien, bzw. von Stoffen sind: Ein Baum wächst als Kommunikationsergebnis zwischen Himmel und Erde, zwischen Mikro- und Makrokosmos. Die Rekonstruktion der eigenen Geburt ist ohne Augenzeugen kaum möglich. Erst wenn man selbst Zeuge dieses Vorgangs geworden ist, wird sie für uns sichtbar. Viel schwieriger ist die Rekonstruktion für den Beginn menschlichen Lebens. Sie lässt sich nur anhand von Abläufen erklären, deren Mechanismen unverändert geblieben sind.

2 So mag unter anderem die Illusion einer vorwärts gerichteten Zeit und einer damit einhergehenden Entwicklung Charles Darwin zu der nach ihm benannten Theorie verleitet haben. Seine Evolutionstheorie[18] folgt dabei einem simplen und fast unschlagbaren Argument, das der amerikanische Architekt Louis Sullivan und der Bildhauer Horatio Greenough in dem prägnanten Satz: „form follows function" [19] zusammengefasst haben. Niemand stellt diese Logik, nach denen Menschen ihre Gedanken in Taten umsetzen, in Frage. Nach ihr entstehen, im Kontext einer stetig besseren Entwicklung, ein Stuhl zum Sitzen, ein Auto zum Fahren und ein Flugzeug zum Fliegen. Folglich hat sich der lange Hals einer Giraffe entwickelt, damit sie sich von den hoch am Eukalyptusbaum hängenden Blättern ernähren kann.

3 Diese Logik enthält einen entscheidenden Fehler: Die Kommunikation im Stoffwechsel der Natur, ist auf eine Gesamtverwertung ausgelegt: Dabei geht es um die Erkennbarkeit als Geschlechts- oder Sozialpartner zur Arterhaltung, alles andere ist Feind und/oder Nahrung. Salopp formuliert: Die Form eines Schinkens ist bei der Nahrung irrelevant, bei der Paarung nicht. Diese existenziellen Prozesse funktionieren nur unter der Prämisse, dass die Lebewesen mit sich und ihrer Nahrung kommunizieren können. Das erfordert in allen Fällen einen gemeinsamen Zeichensatz.

4 Die entscheidende Frage lautet daher: Wie kamen die Nahrungsinformationen in die Organismen? Eine mögliche Antwort finden wir im Knallgasexperiment: Hier summieren sich durch Energiezufuhr die Informationen Wasserstoff und Sauerstoff im physikalischen Fluchtpunkt Pt_0 zu einem Wassermolekül ($2H_2 + O_2 \Rightarrow 2H_2O$). Dieser Prozess setzte sich mit der Entstehung von Salzwasser H_2ONaCl im nächsten Evolutionsschritt fort. In den bereits existierenden Elementen: Feuer, Erde, Wasser, Luft, entstanden Pflanzen, Tiere und Menschen, die mit diesen Lebensräumen unmittelbar kommunizieren konnten. Menschen und Säugetiere bestehen aus zwei kommunizierenden Hälften, viele Organe sind doppelt vorhanden oder hälftig geteilt: Die zigfachen bipolaren Kommunikationen in Pt_0, ließen in einer Kettenreaktion, in wechselseitiger Abhängigkeit und im Bruchteil einer Sekunde [8], zahlreiche Formen der universellen Kommunikation sichtbar werden. Im mathematisch idealisierten Raum, führt sie mit

angereicherten Informationen (Atombombe), zur Verwüstung, in der Natur zur Artenvielfalt. Die ständigen Änderungen der Aggregatzustände, erfordern eine permanente Anpassung unserer Kommunikation und sind das Pendel zwischen Lüge und Wahrheit: Kommunikation ist Manipulation. Nur die Massenträgheit verhindert eine vollkommene Orientierungslosigkeit. Die einzigartige Perfektion der Anpassung des organischen Lebens, ihr Bewusstsein für die Lebensräume, ihre Formen mit den an die Nahrung angepassten „Werkzeugen" zu ihrer Verdauung, einschließlich der daraus hervorgegangenen Farben zur perfekten Tarnung der Tiere, lassen sich hierdurch widerspruchsfrei erklären. Die in Figur 3 dargestellte Hierarchie ist praktisch in jedem Lebewesen selbst vorhanden. Vielfach sind sie Vorlage sozialer Gesellschaftsstrukturen. Auf unterster Ebene liegen die Nahrungs- beziehungsweise Paarungskommunikationen, darüber folgen die Alltags - und nur dem Menschen vorbehalten, die Wissenschaftskommunikationen. Der Mensch trägt am Ende dieses dualen Adaptionsprozesses von Form und Bewusstsein den größten Teil der Informationen zuvor entwickelter Arten in sich. Sie befähigen ihn mehr als jedes andere Lebewesen zur höchsten Informationsverarbeitungsstufe mit sich und anderen Lebewesen. Unser Bewusstsein ist die Summe aller in uns gespeicherten kommunikationsfähigen Informationen, die festlegt: Man kann nicht, nicht kommunizieren. Erkennbar in ihren Ausdrucksmöglichkeiten, sind die Lebewesen ein Spiegel ihrer Wahrnehmung, beziehungsweise Kommunikationsfähigkeiten.

Figur 3

Mikrokosmos

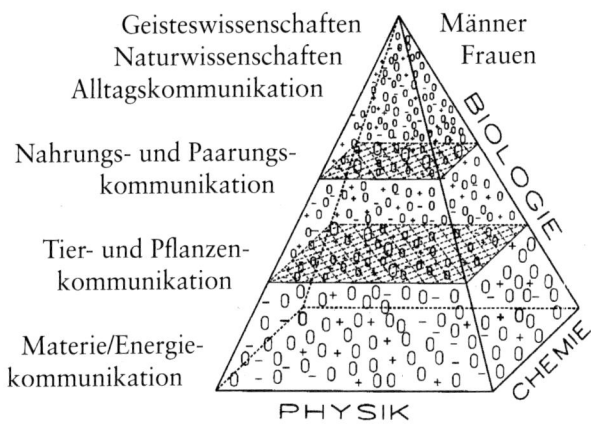

Geisteswissenschaften   Männer
Naturwissenschaften   Frauen
Alltagskommunikation

Nahrungs- und Paarungs-
kommunikation

Tier- und Pflanzen-
kommunikation

Materie/Energie-
kommunikation

BIOLOGIE

CHEMIE

PHYSIK

Makrokosmos

Die Kommunikationshierarchie

45

6 Sein Bewusstsein befähigt den Menschen zur höchsten Wahrnehmung, die sich in der Wiedergabe der Wissenschaften, sämtlicher Kunstformen und der Technik spiegelt. Unser Wille und unser Können bewegen sich im Rahmen unserer, an den äußeren und inneren Stoffwechsel gebundenen organischen Kommunikationsmöglichkeiten. Sie beschränken unseren freien Willen auf das nichtexistenziell Notwendige. Aus der Kommunikationshierarchie, leitet sich die Schöpfungsfolge und physische Stabilität des Lebens ab. Die Basis besteht aus den in Materie/Energie gebundenen stofflichen Informationen, in deren Spannungsfeld die Kommunikation beginnt. Es folgen die sich daran orientierenden Tier- und Pflanzenkommunikationen, unsere Alltagskommunikation und die Naturwissenschaften.

7 Nahe der Spitze stehen die Geisteswissenschaften, die sich am weitesten von der stofflichen Basis entfernt befinden. Ihre Aussagen und Ergebnisse sind mehr als alle anderen Kommunikationsbereiche den größten Spekulationen und Manipulationen unterworfen. Zu ihnen gehören beispielsweise die Rechtswissenschaften, in weiten Teilen die Ökonomie, die Philosophie und natürlich der Glaube in allen Ausprägungen. Intuitiv setzen gläubige Menschen Gott an die Spitze der Kommunikationshierarchie. Aus dieser Sicht müssten es dann zwei Götter sein.

8 Während naturwissenschaftliche Ergebnisse einer Überprüfung in der Praxis durch Versuch und Irrtum standhalten müssen, ist höchste sprachliche Kompe-

tenz, verbunden mit dem geringsten inhaltlichen Bezug zur stofflichen Realität, der Charakter ihres Anspruchs auf die Meinungs- und Deutungshoheit. Im Denken spiegelt sich die Formbarkeit der formfreien Energien, ohne die es keine Kreativität gibt. Zwischen den Kommunikationsebenen gibt es keine klaren Grenzen, alles geht fließend ineinander über. Das bedeutet auch, dass sich Niemand unter natürlichen Umständen sein Geschlecht und damit seine sexuelle Ausrichtung aussuchen kann. Sexualität ist ein biologisches Merkmal persönlicher Identität, deshalb entbehren Vorstellungen, irgendein Wesen könnte sein Leben ohne sie führen, jeder biologischen Grundlage. Sie sind vielmehr Ausdruck von Wunschvorstellungen. Die vorliegende Hierarchie zeichnet die Entwicklungsstufen eines Neugeborenen nach: Sie beruhen anfänglich auf stofflichen Informationen, die sein Leben grundsätzlich ermöglichen. Im Säuglingsalter, wenn sein Gehirn noch in der Entwicklung ist, erreichen sein Verhalten und seine Äußerungen das Stadium von Tieren und es reagiert immer direkt in der Gegenwart. Erst allmählich wächst sein Bewusstsein in den Raum von Zukunft und Vergangenheit: dann beginnt die Interpretation der eigenen Wahrnehmungen.

9 Weibliche Lebensformen sind als Träger des Lebens für den Erhalt der Populationen und Arten existenzieller als männliche. Es ist also naheliegend, dass die männlichen, aus den Informationen der weiblichen Lebewesen adaptiert worden sind. Es lässt sich durchaus behaupten, dass der Mann ein Teil der Frau ist.

Auch physikalisch lässt sich erklären warum Männer in der Kommunikationshierarchie oben stehen: sie sind energetischer als Frauen, benötigen mehr Energie aus dem Stoffwechsel der Natur zum Erhalt ihrer Physis. Sie haben eine kürzere Lebenserwartung, was auch bei männlichen Säugetieren in Studien nachgewiesen wurde (europa.eu/eurostat) [20].

10 Frauen werden praktisch Zeuginnen ihrer eigenen Geburt, wenn sie ein Kind zur Welt bringen. Sie tragen damit die biologische Antwort nach der eigenen Herkunft in sich. Da die Biologie dem Mann diese Antwort naturgemäß schuldig bleibt, versucht er dieses Informationsdefizit zu kompensieren. Das fehlende biologische Gefühl Vater zu sein, führt zu vielfachen Anstrengungen und erklärt vielleicht die hohe Präsenz in Kunst und Wissenschaft. Die daraus resultierende Neugier (wo komme ich her? usw.) könnte die Grundlage der Wissenschaft insgesamt bedeuten. Sie ist allerdings nicht die einzige Erklärung, vielfach hat sie soziologische Gründe und ist eng mit der Unterdrückung der Frauen verbunden. Mit einer vermeintlichen Berufung zu Höherem oder Intelligenz, kann diese Tatsache jedenfalls nicht erklärt werden. Die sollte vielmehr als gesamtorganisches Ergebnis betrachtet werden. Zwar haben Männer ein größeres Gehirn als Frauen, aber Jede(r) weiß wie leicht es auszuschalten ist und dann ist nix mehr mit Intelligenz. Im Übrigen sind Männer dann intelligent, wenn sie die Intelligenz der Frauen nicht unterschätzen.

11 Wir sind das Ergebnis aufsummierter Informationen aus unseren Lebensräumen, das uns an die Spitze der Kommunikations- und an das Ende der Nahrungskette stellt. Die Größe unseres Gehirns und die Dauer unserer physischen Entwicklung, sind Folge einer der komplexesten Stoffwechselprozesse in der Natur. Unser Organismus ist aus Nahrungsinformationen entstanden, folglich können wir nicht nur innerhalb dieser Informationen denken, sie sind existenziell für unser Denken. Die Natur folgt nicht immer der menschlichen Logik: An einem großen Baum wachsen nicht zwingend große Blätter. Die Form folgt der Funktion nur in mathematisch idealisierten Räumen, in denen auch die Null und die Zeit eine dominante Rolle spielen.

12 Der Verlust der Artenvielfalt ist eng mit dem Verlust biologischer Informationen verbunden. Sie verbleiben im Kreislauf auf der physikalisch-chemischen Informationsebene und werden nicht mehr in biologische Informationen umgewandelt. Die vormals durch Blütenstaub, Pollen, Duft- und Lockstoffen und vielen anderen, bislang unbekannten Einträgen angereicherte Atemluft, wurde und wird durch Stoffe, Chemikalien und Gasen aus zahlreichen Verbrennungsprozessen, Einträgen aus der Landwirtschaft, der Industrie usw., ersetzt. Sie ist zur biologischen Einöde und Müllhalde geworden, mit Folgen für die Entwicklung des gesamten ökologischen Systems. Alle diese Stoffe reichern sich nach dem Prinzip der Aufsummierung, mit fatalen Folgen für die Entwicklung des gesamten ökologischen Systems, an: Wenn CO_2 einen immer größeren Platz in

der Atemluft einnimmt, verlernen die Lungenbläschen das Atmen. Die Folgen des Artensterbens: => Abnahme der sinnlichen Wahrnehmungen => Abnahme des Bewusstseins => Abnahme des Denkvermögens => Abnahme der Kommunikations- und Handlungsfähigkeiten bis zur Orientierungslosigkeit.

13 Beim sogenannten Flynn-Effekt [21] werden die Veränderungen des menschlichen IQ statistisch ausgewertet. Dazu sind beispielsweise die Eignungstests von Rekruten herangezogen worden. Während die Auswertungen der gemessenen IQ- Werte bis Mitte der 1980er- Jahre in verschiedenen Ländern zwar unterschiedlich ausgeprägt, aber durchweg positiv gewesen sind, sind sie im weiteren Verlauf abgeflacht - bis hin zur Stagnation und Rückläufigkeit. Die negativen Veränderungen fallen zeitlich mit einem massiven Artenrückgang in Europa zusammen. Wenn alles mit allem zusammenhängt, dann können das keine Zufälle sein.

14 Im physikalischen Teil, Raum und Zeit, habe ich in Nr. 11 beispielhaft beschrieben, wie sich Hemd und Hose, als physisch unveränderliche Daseinsstruktur, um ihren eigenen Nullpunkt drehen. Dies bedeutet: Aus einem Hemd wird keine Hose, obwohl sie aus dem gleichen Faden bestehen, um im Beispiel zu bleiben. Viren sind Bausteine unseres Lebens, die im evolutionären Frühstadium den physikalischen Fluchtpunkt Pt_0 in neuen Zusammensetzungen verlassen. Mutationen sind Viren mit neuen Kommunikationsmöglichkeiten und keine Fehler der Natur, im Sinne darwinscher

Selektion. Die gibt es ebenso wenig wie Unkraut oder Ungeziefer. Gefährlich werden sie, wenn ihre Kommunikation den zugewiesenen Raum beherrscht. Daraus lässt sich die Wirksamkeit kleinster Informationen, beispielsweise eine positive Grundeinstellung oder homöopathische Dosen, ableiten. Wir dürfen von zunehmenden Störungen unseres gesamten Stoffwechsels ausgehen, wenn sich z. B. Weichmacher in Kunststoffen, Bisphenol a, im Organismus anreichern. Im Wechsel von der Physik zur Biologie, ändert sich das Beispiel von der Waschmaschine zur Getreidemühle, ohne dass sich die physikalischen Eigenschaften ändern. Mit dem gewonnen Mehl lassen sich unendlich viele unterschiedliche Formen backen. Über unterschiedliche Mehlsorten und Zusätze, lassen sich Farben und Geschmack variieren. Figur 4 stellt die Energietransformationen zur Umwandlung der Formen in Pt_0 dar.

Figur 4

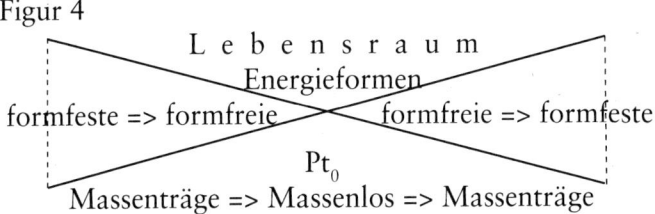

Lebensraum
Energieformen
formfeste => formfreie   formfreie => formfeste
Pt_0
Massenträge => Massenlos => Massenträge

Pt_0 ist der Motor unseres Stoffwechsels: Mit jedem Atemzug ändert sich die Zusammensetzung der Atemluft in unseren Lungen. Dieses Beispiel steht symbolisch für die in der Natur existierenden unterschiedlichen Arten, die sich durch Formen, Farben und vor allem durch eigene Kommunikation unterscheiden.

15 Wenn die Natur die Arten nach der Entstehung der Lebensräume bestimmt hat, dann ist die Ähnlichkeit zwischen Chinesen und Afrikanern nicht zwingend auf verwandtschaftliche Beziehungen und Wanderbewegungen aus dem „Mutterkontinent" Afrika abzuleiten. Vielmehr kann es sich um eine Stoffwechselverwandtschaft handeln: Ein Haus oder eine Brücke können aus dem gleichen Beton bestehen. Ähnlich wie bei Bauwerken, stellen die Lebensräume das „Baumaterial" für die Lebewesen zur Verfügung. Die Kommunikation in der Doppelhelix der menschlichen DNA, entscheidet unter wechselseitigem Einfluss mit unserem Lebensraum, über unsere Sichtbarkeit in Form und Funktion. Aus demselben Grund wächst in der Wüste kein Edelweiß- es sei denn, es ist durch Gentechnik an eine neue Umgebung angepasst worden. Rosen und Tulpen gehören zur Familie der Blumen, Affen und Menschen zu den Primaten. Der Fund des Neandertalers stellt keinen Beweis für eine Entwicklungslinie dar, aus der der heutige Mensch hervorgegangen ist. Der Mensch in seiner heutigen Form hat sicher auch schon zur Zeit des Neandertalers gelebt. Seine Knochenreste wurden entweder noch nicht gefunden oder wurden wegen ihrer Ähnlichkeit zum heutigen Menschen nicht erkannt und untersucht. Ich bin davon überzeugt, dass zum Zeitpunkt der Entstehung der Lebewesen, zeitgleich zahlreiche ähnliche Menschen entstanden sind, weil dies das Prinzip der Transformationen ist. Die Darstellung von Entwicklungslinien, nach denen sich aus Affen Menschen entwickelt haben, halte ich schlicht für konstruiert. Ein paar Knochenfunde und genetische Ähnlichkeiten rei-

chen einfach nicht aus: Bis heute ist mir kein einziger Fund von Affensiedlungen mit einem Gebrauch von Töpfen und Werkzeugen bekannt geworden, die eine Ähnlichkeit in der Kommunikation zum Menschen vermuten lassen.

16 Einen Hinweis wie die Natur arbeitet, können wir auch am Beispiel der Libelle beobachten. Sie lebt in zwei Lebensräumen: Geboren wird sie als Larve und bleibt so lange im Wasser, bis ihr Entwicklungsstadium durch die Stoffwechselkommunikation mit ihrem Lebensraum ihren Aufbruch signalisiert. Die dann einsetzende Metamorphose lässt sie an die Luft krabbeln. Nur ihre bereits vorhandene genetische Veranlagung, ist in der Lage ihren Körper so zu verändern, dass er mit dem neuen Lebensraum Luft kommunizieren kann. Den Zeitpunkt und die Reihenfolge des Ablaufs, bestimmen einzig die Kommunikationen zwischen dem Stoffwechsel der Libelle und dem jeweiligen Lebensraum. Ein Ameisenbär kennt nicht nur den Lebensraum seiner Nahrung, er weiß auch genau wie sie sich verhält. Kein Fisch würde seinen Lebensraum, der ihm Nahrung und Paarung bietet, freiwillig verlassen. Durch die perfekte Abstimmung, der sich selbstregulierenden Lebensräume, die alles zur Verfügung stellen, besteht für die Lebewesen keine Möglichkeit mehr für eine Weiterentwicklung. Aus eigenem Antrieb heraus, dürfte es sie wohl nie gegeben haben: Sie können über Generationen hinweg Flugbewegungen mit den Armen machen, Wetten, dass ihnen keine Flügel wachsen - noch nicht einmal Federn.

Ersatzreligion

Vielleicht hätten wir nicht die Früchte vom Baum der Erkenntnis essen sollen, wie es uns geraten wurde. Vielleicht wären wir heute noch im Paradies. Mit der Erkenntnis, dass wir nackt waren, flogen wir aus dem Paradies und Gott zeigte sich, damals wie heute, weder empathisch, noch gnädig mit seinem menschlichen Ebenbild. Bis heute ist nicht klar, ob wir seit dem Genuss der Früchte an einer Lebensmittelvergiftung leiden, oder ob wir die falschen Schlüsse aus den Erkenntnissen gezogen haben und noch ziehen. Vielleicht Beides, sicher scheint nur, wir schämten uns und brauchten dringend einen Ersatz für das verwelkte Feigenblatt. Ich vermute, dass war schon die erste falsche Schlussfolgerung: Wofür sollten wir uns schämen? Wir waren zu zweit und Gott, als unser Schöpfer kannte uns besser als wir selbst. Mangels göttlicher Kooperationsbereitschaft machten wir uns auf die Suche nach einem neuen Paradies und unserer Identität, denn Adam und Eva konnten wir nicht mehr sein. Seither versuchen wir uns an der Realisierung eines neuen Paradieses. Ein Erfolgsmodell meinen die Einen, eine Katastrophe die Anderen. Nun müssen wir mit einer Realität zurechtkommen, die wir selbst geschaffen haben. Einsteins Satz: *„Erst die Theorie entscheidet darüber, was wir beobachten können."* deutet auf diese grundsätzliche Schwierigkeit hin, die wir alle mit der Deutung der Realität haben. Sie scheint der Grund zu sein, für die ständigen Auseinandersetzungen bei der Suche nach der Wahrheit. Unser Blick in der Gegenwart, ist der in eine laufende Waschmaschine: Wir wissen nie an welcher Stelle unseres Weges wir uns gerade befinden und wo im nächsten Augenblick. Der Weg ist das Ziel das keiner kennt, das aber von der Prämisse jedes Einzelnen, sich wohl zu fühlen, bestimmt wird. Objektfokussierung, Summenbildung und die Übertragung mathematischer Ergebnisse in die Natur, führten nicht zum Paradies, sondern zu einer Parallelwelt, die mit der natürlichen Welt zu einer noch komplexeren Realität verschmolzen ist. In welcher Form die schädlichen Informationen aus der Parallelwelt hinter dem physikalischen Fluchtpunkt hervortreten, ist nur ein Teil der Ursache unserer Orientierungslosigkeit. Eine absolute Orientierung hat es nie gegeben und wird es auch nie geben. Dieses Wissensvakuum verursacht Unsicherheiten. Die wurden und werden durch Wissenschaft und Glaube, bzw. ihren Institutionen gleichermaßen benutzt.

Mit seinem Satz hat Einstein, im Diskurs mit Heisenberg, wohl eher unbeabsichtigt, die Meinungs- und Deutungshoheit für die Wissenschaften beansprucht. Kein Wunder vor dem Hintergrund damaliger wissenschaftlicher Erkenntnisse und technischer Erfolge. Dies ermöglichte ihr in weiten Teilen die Übernahme der Meinungs- und Deutungshoheit aus den spirituell idealisierten Räumen der Religionen und war wohl nur möglich, weil die Menschen unmittelbar von den technischen Produkten, vor allem durch Arbeitsplätze profitierten. Begleitet wurden diese Entwicklungen von den schon lange andauernden Auseinandersetzungen zwischen Religion und Wissenschaft, von denen große Teile auf einer eigenständigen Entwicklung des Denkens und damit auf einer weitgehenden Selbstbestimmung des Menschen bestanden. Argumentativ unterstützt wurden diese Ansichten durch Charles Darwin, der eine solche eigenständige Entwicklung mit seiner Evolutionstheorie biologisch legitimierte. Die große Gefahr von Theorien: Sie benötigen nicht unbedingt einen Bezug zur Realität - im Gegenteil: Bei dem Konstrukt aus eigener Wahrheit und Fiktion, werden Teile der aktuellen allgemeinen Wahrnehmungen in die Zukunft projiziert und mit möglichen positiven oder negativen Entwicklungen verknüpft. Damit kann die öffentliche Meinung unterdrückt und/oder manipuliert werden. Einziger Schutz: Bleiben Sie im Augenblick des Jetzt, dann nehmen Sie auch das Leben wahr. Niemandem kann verwehrt werden, aufgrund seiner Wahrnehmungen an etwas zu glauben. Ein Recht, die Allgemeinheit für seinen Glauben in Anspruch zu nehmen, leitet sich daraus nicht ab. Die nicht nachgewiesene Physis eines Gottes, wird zur Darstellung der eigenen Identität genutzt, indem man seinem Glauben einen Namen gibt: Christentum, Judentum oder Islam, sind nur drei von vielen anderen Beispielen. Man sollte religiösen Glauben, schon aus Respekt vor anderen Gläubigen, als ureigene Privatsache behandeln und nicht öffentlich praktizieren. Denn sobald der Glaube öffentlich wird, signalisiert er einen Machtanspruch: Wer die Kommunikation beherrscht, beherrscht den Raum.

Eine der großen Herausforderungen im menschlichen

Dasein, ist die Suche nach der eigenen und gesellschaftlichen Identität. Es reicht dem Tier ein Tier zu sein, aber niemals dem Menschen ein Mensch zu sein. Einige der Mechanismen dieser hierarchischen Einordnungen haben sich verändert, andere wie beispielsweise die Vererbung von Adel, sind geblieben. Heute beginnen sie recht früh in der Schule, in der Fehlerkultur eine große Rolle spielt. Im Narrativ der annähernden Unfehlbarkeit, werden Doktoren- oder Professorentitel verliehen, die wiederum Ansehen und Macht verleihen. „Es ist den Untertanen untersagt, den Maßstab ihrer beschränkten Einsicht an die Handlungen der Obrigkeit anzulegen." Dieser Satz, der Friedrich Wilhelm von Brandenburg zugeschrieben wird, zeugt von der Arroganz der Macht, die viele Titelträger zur Durchsetzung ihrer Argumente nutzen. Die Erkenntnis: „Jeder Mensch macht Fehler." und sein Eingeständnis im konkreten Fall, ist wegen der damit verbundenen Konsequenzen, eher die Ausnahme. Die Realität ist weit mehr als die Summe aller Wahrnehmungen und Theorien. Aus dieser Sicht stehen alle Wahrnehmungen gleichberechtigt nebeneinander und es gibt keinen Grund irgendeine zu bevorzugen. Das Festhalten an Theorien oder Meinungen steht deshalb einem möglichen Erkenntnisgewinn entgegen. Andererseits ist dieses Verhalten auch menschlich, da es das Selbstwertgefühl, auch das von Institutionen tangiert: Jahrhunderte hat die katholische Kirche gebraucht, um Galileo Galilei zu rehabilitieren und von ihrem zentralistischen Weltbild abzurücken. Die Religionen haben sich in weiten Teilen, beispielsweise durch ihre Morallehren, von der Natur entfernt, die

Wissenschaft hat dies durch die Mathematik erreicht.

Die Veröffentlichung der Evolutionstheorie, zu einer Zeit in der die Kolonialisierungen noch in vollem Gange waren, war für unzählige Wissenschaftler der Beleg für die Überlegenheit der weißen Rasse. Es entstanden neue Forschungsfelder, die diese Überlegenheit wissenschaftlich beweisen sollten. In unheiliger Allianz, begründeten Wissenschaft und Religion die Ermordung, Unterdrückung und Versklavung der afrikanischen und indigenen Völker in Nord- und Südamerika. Sie verloren nicht nur Freiheit, Leben und Heimat, sondern mit ihrem, für die Natur weitgehend unschädlichen Glauben, auch ihre Identität. Das Festhalten an Denkmälern der Eroberer, ist die Verherrlichung von Völkermord. Die Nichtrückgabe der geraubten Gegenstände, ihre Ausstellung in Museen ist fortgesetzte Kolonialisierung. Mit welchem Recht wollte man ein Denkmal für Hitler verhindern? Die Überlegenheit der Koloniallisten beruhte einzig auf dem Fortschritt der Technik.

Unbestritten der Verdienste Einsteins, hat der Machtmechanismus des Unverständlichen in seiner Theorie wohl mit dazu geführt, dass er zum „Messias" der Physik wurde und schon deshalb nicht angetastet wurde. Formulierungen wie: „Die Natur folgt der Relativitätstheorie", untermauern einen gewissen Machtanspruch der Wissenschaften, den Einstein vermutlich abgelehnt hätte. Mit einem Ritual religiöser Selbstgerechtigkeit und weitgehend ohne Selbstzweifel, krönen Wissenschaftler mit dem seit 1901 alljährlich vergebenen Nobelpreis ihre Häupter. Er soll nach dem testamentarischen Willen des Stifters an Menschen verliehen werden, die nachweislich den größten Nutzen für die Menschheit geleistet haben. Hinter zahlreichen Auszeichnungen müssen große Fragezeichen gesetzt werden und es darf allgemein keine Preise mehr geben, die zu Lasten der Natur gehen. Ein großer Nutzen für die Menschheit, wie im Fall des „Ozonkillers" FCKW lässt sich darin nicht erkennen. Teile der Wissenschaften haben weitaus mehr Gemeinsamkeiten mit den Religionen, als ihnen lieb sein kann, weil sie etliche Machtinstrumente weitgehend ohne kritische Selbstreflektion nutzen. Wäre es nicht so ernst, könnte man es als Krankheitsbild der beruflich bedingten objektfokussierten Sichtweise betrachten.

Damit ließe sich auch die Frage beantworten, warum die Wissenschaft Einsteins Relativitätstheorie bis heute folgt. Zwei andere mögliche Antworten:
1. Bei der Veröffentlichung seiner Theorie, gab es gerade mal eine handvoll Wissenschaftler, die nach eigenem Bekunden, seine Theorie verstanden haben wollen. Heute hat man das Gefühl, dass es kaum einen Wissenschaftler gibt, der sie nicht verstanden hat. Da stellt sich doch die Frage: Sind die Wissenschaftler heute schlauer?
2. Auch etliche Wissenschaftler verstehen die Theorie nicht, trauen sich aber nicht es einzugestehen, da sie fürchten ihre Reputation als Wissenschaftler einzubüßen.

Der braune Planet

Eine Aufzählung aller bislang bekannt gewordenen Probleme, die in unmittelbaren Zusammenhang mit unserer Umwelt stehen, würden nicht nur den Rahmen eines Buches sprengen, es würde auch sehr schnell seine Aktualität verlieren. Denn zahlreiche Probleme sind noch unterwegs und werden erst im Laufe der nächsten Zeit sichtbar, wie beispielsweise die der Gentechnik. Ich möchte deshalb in diesem Kapitel nur einige der, aus meiner Sicht, wichtigsten Probleme ansprechen, die sofort angegangen werden könnten und die für die Natur eine große Entlastung brächten.

Wissenschaftler der Gentechnik behaupten, sie würden im Grunde auch nichts anderes machen als die Natur, nur eben etwas schneller. Dabei unterschlagen sie, dass sich Entwicklungen in der Natur immer an ihrem Informationsumfeld orientieren. Hier findet eine Umkehr der Argumentation statt, indem das Ergebnis eines natürlichen Prozesses an den Anfang eines menschlichen Eingriffs gestellt wird. Die Profiteure dieser Technik machen sich eine Tatsache zunutze, an denen die Wissenschaft insgesamt scheitert: die Wirkungsanalyse von komplexen Stoffwechselprozessen. Wissenschaftler verändern die Informationen in den Kommunikationsträgern mit unabsehbaren Folgen für die Ökosysteme und das organische Leben. Mit der Summe gentechnischer Manipulationen, steigen die Störungen in der natürlichen Stoffwechselkommunikation. Wir wissen eben nicht, welche Formen im physikalischen Fluchtpunkt entstehen. Beim Einsatz von Antibiotika sehen wir heute schon das Ende, wenn wir immer neue multiresistente Keime (MRSA) erzeugen.

Diesseits der Unschärferelation, hat mit der Relativitätstheorie die Suche nach der Praxis begonnen und die Schwäche der theoretischen Physik offengelegt: Nur der physikalische Nachweis durch das Experiment, kann eine gewisse Richtigkeit einer Theorie bestätigen. Dies wird mit sogenannten Teilchenbeschleunigern versucht. Doch welchen Nutzen haben diese teuren, von den Steuerzahlern finanzierten Geräte für die Menschheit? Herr Higgs hat auf jeden Fall einen Nutzen: Er erhielt für den Nachweis des nach ihm benannten Teilchens, das Higgs-Boson, das die Richtigkeit des Standardmodells der Teilchenphysik nachweisen soll, den hochdotierten Nobelpreis für Physik. Gleicht dieser Nachweis nicht eher einem Fischer, der seine Angel in einem Teich voller unbekannter Fischarten, mit der Aussage auswirft: "Ich fange einen Boson Fisch."? Das Ergebnis: Der Fischer wird immer ein solches Exemplar am Haken haben. Das werden ihm seine Berufskollegen bestätigen, denn das erwartete Teilchen muss ja nur einer zuvor durchgeführten Berechnung entsprechen. Solange nicht klar ist, welche praktischen Auswirkungen diese Erkenntnisse haben, bleiben sie die Theorie von der Theorie, von der Theorie, usw. Minkowski bescherte uns mit dem nichtvorstellbaren vierdimensionalen Raumzeitdiagramm eine weitere Theorie aus der Welt der mathematisch idealisierten Räume. Es wird sogar behauptet, die kürzeste Entfernung zwischen zwei Punkten im Universum sei keine Gerade, sondern ein Bogen [22]. Zur physikalischen Veranschaulichung wird oft ein Gummituch benutzt, das von einer Metallkugel nach unten gewölbt, den Einfluss der Zeit auf den Raum veranschaulichen soll. Es ist die Gravitation, die das Tuch wölbt.

Es stellt sich generell die Frage, welche wissenschaftlichen Arbeiten noch sinnvoll und notwendig sind. Wissenschaftliche Studien sollen helfen, bestimmte Sachverhalte genauer zu dokumentieren. Angefertigt werden sie mit dem Zweck, durch eine Qualitätsprüfung, einem sogenannten Peer Review eine gewisse Sicherheit und Verlässlichkeit in der Beurteilung des jeweiligen Sachverhalts zu belegen. Zur Beurteilung werden allerdings etablierte Standards herangezogen, die oft veraltet sind. Bei Produktzulassungen muss ein Schaden nachgewiesen werden um eine Marktzulassung zu untersagen. Im Fall von Glyphosat, wird vermutet, dass das Pflanzengift für das Bienensterben verantwortlich ist. Monsanto, gehört heute zum Bayerkonzern, bekam die Marktzulassung vor diesem Verdacht, weil sich in den Studien keine belastbaren Hinweise fanden. Auch drängt sich der Verdacht auf, dass durch Forderungen nach zusätzlichen wissenschaftlichen Studien, oft nur Zeit geschunden werden soll um ein Mittel länger im Markt zu halten. Dem Artenschutz ist damit nicht geholfen, im Gegenteil. Sobald es den leisesten Verdacht auf Schädlichkeit gibt, muss ein Mittel solange vom Markt genommen werden, bis der Verdacht ausgeräumt ist. Informationen aus der Bevölkerung, beispielsweise zum Bienensterben, müssen für ein Verbot umweltschädlicher Stoffe reichen.

Auch Wissenschaftler sind Menschen die sich wohlfühlen wollen. Ihr Selbstverständnis aus Verantwortung zum Wohle und im Dienste der Menschheit tätig zu sein, verlangt vor allem Transparenz. Das Verhältnis vieler sogenannter Naturwissenschaftler zur Natur ist zerstört: Im Dienste von Konzernen und Investoren, die aufgrund ihrer wirtschaftlichen Macht, die Natur als kostenfreien Selbstbedienungsladen betrachten, sind sie Handlanger der Naturzerstörung. Menschen, wie der Bergsteiger Reinhold Messner, verstehen viel mehr von der Natur als jeder Naturwissenschaftler: Um alle Achttausender ohne zusätzlichen Sauerstoff effizient zu erklettern, müssen Sie den Fels und seine Kommunikation in, und mit der Natur verstehen. Solche Menschen gehen mit viel Demut und Respekt in die Natur und kommen mit noch mehr zurück. Niemand dürfte etwas gegen die neutralen Beobachtungen der Natur durch die Wissenschaften einzuwenden haben. Sie haben sich aber von Beobachtern zu Manipulateuren gewandelt und die Verwendung der Natur in der Bezeichnung, Naturwissenschaftler, ist eine Irreführung der Öffentlichkeit und eine zusätzliche Demütigung der Natur. Sie sollten sich ehrlicherweise als Produktwissenschaftler bezeichnen, wenn sie für die Wirtschaft arbeiten. Wenn Wissenschaftler, wie im April 2017 weltweit für eine freie Ausübung ihrer Tätigkeit demonstrieren, dann hinterlässt dies, angesichts der finanziellen Abhängigkeiten ein sehr ambivalentes

Gefühl. Die negativen Auswirkungen von Produkten hinter Betriebsgeheimnissen zu verbergen, ist nicht hinnehmbar und untergräbt den Anspruch der besonderen Verantwortung für Mensch und Natur.

Unser Leben ist auf ein funktionierendes und ökologisch gesundes System angewiesen. Dazu muss die Kommunikation zwischen den vier tragenden Säulen Luft, Wasser, Erde und Feuer weitgehend störungsfrei gewährleistet sein. Nur dann kann unser Organismus mit diesen lebensnotwendigen Elementen kommunizieren. Die angegriffene Gesundheit eines Menschen lässt sich oftmals an seinem äußeren Zustand ablesen. Das ist bei unserem Planeten ähnlich. Vor der Industrialisierung wies der lebendige Organismus Erde, nur wenige natürliche braune Flecken auf, er war überwiegend Blau und Grün. Seither vergrößern sich nicht nur die ursprünglichen braunen Flecken, es kommen neue in immer größerem Umfang hinzu: Die Expansion mathematisch idealisierter Räume, wie Bebauungen und Rodungen finden meist in den ökologisch wertvollsten Regionen statt. Sie summieren sich und führen zu immer stärkeren Bränden und verstärken die Erwärmung von Wasser: Das Wasser, Erde und Himmel werden Braun. Man muss wissen: Ein Regenwald atmet anders als ein Mischwald in Europa. Er kennt keine Atempause bei der sich seine Blätter verfärben, abfallen und erneuern. Ist er einmal verschwunden, kehrt er nicht so schnell zurück. Müll reduziert die biologische Artenvielfalt und führt zur Destabilisierung der Ökosysteme. Wir haben aufgrund der Informationen über Umweltschäden eine Ahnung davon, welches Schicksal uns droht. Sie mündet in der Forderung der Wissenschaft, nach Finanzierung immer neuer und teurer "Spielzeuge" zur Forschung. Etwa zur Erkundung des Universums mit teuren Raumfahrprojekten und Sonden. Mit Hilfe wissenschaftlicher Wahnvorstellungen und Astronautenromantik, suchen sie im Weltall bereits nach einer „neuen Welt". Wollen wir dort überleben, müssen wir sämtliche Informationen unserer Lebensräume mitnehmen und mit großem technischen Aufwand aufrechterhalten. Das ist kaum vorstellbar. Erstaunlicherweise sieht die anvisierte neue Heimat in etwa so aus, wie unsere Erde in wenigen Jahren: Kein einziger Grashalm, kein Baum, kein Leben, wie aktuelle Bilder vom Mars belegen. Ob die Suche nach Leben im All, oder dem ewigen Leben im Kampf gegen die Alterung: Der Sinn erschließt sich mir, und sicher auch vielen anderen Menschen nicht. Glauben Sie an die sich selbsterfüllenden Prophezeiungen? Vielleicht werden Sie Zeuge einer solchen, denn wir sind nicht mehr allzu weit davon entfernt.

Kommunikation ist die schwerste Sprache und Wissenschaftler haben sie mit den gefährlichsten atomaren, chemischen und biologischen Kampfstoffen zur Abschreckung von Feinden aufgerüstet. Der größte Feind sitzt immer in den eigenen Reihen. Die Waffen sind durchgeladen und vielleicht werden ihre Betriebsanweisungen, durch die Verseuchung unserer Grundnahrungsmittel unseren Stoffwechsel so beeinträchtigen, dass sie zu Hieroglyphen werden und wir sie nicht mehr lesen und verstehen können. Es wäre nicht das erste Mal in der Geschichte der Menschheit, dass Sprachkenntnisse verloren gehen. Die Corona Pandemie liefert eine Blaupause dafür, wie die Kommunikation auf natürliche Weise manipuliert wird. In Verbindung mit der Digitalisierung, haben sich die Staaten einem ungeahnten Erpressungspotenzial ausgeliefert. Wenn wir etwas mit Sicherheit wissen, dann, dass sie eine Illusion ist. Der „Vater" der Wasserstoffbombe, Edward Teller, formulierte den Satz: *„Alles was wir wissen, muss auch gemacht werden."*[23] Nein, Herr Teller! Wir wissen nur wie man ein Grab schaufelt - es ist bereits fertig und wir stehen am Rand. Es geht längst nicht mehr darum, ob wir eine bessere - sondern ob wir überhaupt eine Zukunft haben werden. Wir haben die Kontrolle, von der wir geglaubt haben sie zu haben, längst abgegeben. Wir müssen ein gesamtorganisches Gefühl für die heraufziehenden Gefahren entwickeln und Verantwortung übernehmen. Die Wissenschaften spielen Gott an entscheidenden Stellschrauben unserer Lebensgrundlagen, allerdings ohne die Übersicht, die ein solcher Gott benötigt. Es ist nicht tragisch, wenn die Menschheit von der Erde verschwindet - tragisch ist, dass dies mit wissenschaftlicher Naivität und Arroganz geschieht. Die Gesellschaft sollte innehalten und über den Begriff „Fortschritt" neu nachdenken, beziehungsweise ihn neu bewerten. Dazu sind wir auf die Einsicht der Wissenschaft angewiesen. So wie die *„Internationale Göttinger Erklärung"* [24] im Jahr 1957 die atomare Bewaffnung der BRD durch verantwortungsbewusste Wissenschaftler verhinderte, könnte eine

Verpflichtung weiteres schädliches wissenschaftliches Handeln begrenzen.

Die Vorstellungen der Wissenschaften, sie könnten nach dem Prinzip von Ockhams Rasiermesser, Teile aus der Natur herausschneiden und trotzdem die Zusammenhänge herausfinden, haben sich größtenteils nicht erfüllt. Ihre Suche nach einer Vorstellung von etwas Unbekanntem, nach unserem Ursprung, nach Gott, ist eine Absurdität: Während die Religionen die Existenz Gottes seit Jahrtausenden, mit teilweise verheerender Gewalt, gegen Andersgläubige durchzusetzen versuchen, vermüllen Wissenschaftler mit riesigem technischen und finanziellen Aufwand den Weltraum. Eine Antwort auf diese Frage erhalten wir nicht, vielmehr verschwindet die Frage mit unserem Lebensraum. Jede einzelne Beobachtung ist nur ein Teil des Gesamtbildes der Kommunikation in der Natur. Wenn wir in sie eingreifen, müssen wir davon ausgehen, dass wir sie beeinflussen. Die Natur besitzt durch ihre Artenvielfalt noch große Selbstheilungskräfte. Sie können sich nur entfalten, wenn wir den Arten ihren Raum zurückgeben. Die Wissenschaften sind aufgefordert, ihr Potential für den Rückbau der mathematisch idealisierten Räume einzusetzen. Notwendig ist die Abkehr von einer wissenschaftlichen Sicht, deren Produkte den Keim objektfokussierter Kurzsichtigkeit in sich tragen. Nur die Berücksichtigung aller nachbarschaftlichen Vorgaben und Einflüsse verhindern Fehlentwicklungen oder decken sie auf.

Schlusswort

Tatsächlich hatten wir das Paradies schon verloren, bevor wir von der Frucht der Erkenntnis aßen. Die Rollenverteilung war noch nicht geklärt und so stritten wir, wie in einer gesunden Beziehung üblich, darüber wer als erster vom Baum der Erkenntnis essen durfte. Eva war der Meinung, dass es ihr Vorrecht war, denn schließlich hatte sie ja diese wichtige Information von der Schlange erhalten. Aufgrund von Adams physischer Überlegenheit, wurde auch diese banale Frage schnell geklärt. Aber schon stand die Nächste im Raum: Wieviel durfte Adam von den Früchten essen? Eine Frage von äußerster Wichtigkeit, denn schließlich ging es um nicht weniger, als um den Schlüssel zur Macht: Um Erkenntnis, um Wissen. Uns war damals schon bewusst: Um ein gewisses Sättigungsgefühl zu erreichen, sollte man möglichst viel essen. Folgerichtig landeten wir bei der Frage nach der gerechten Verteilung. Und Sie ahnen es schon: 1-1=0. Gab es etwas Gerechteres als diese einfache Rechnung? Nein! Das war der Idealzustand - das Paradies! Und wir hatten den ersten Schritt dorthin getan. Alles sollte von nun an gerecht aufgeteilt werden. Jeder bekam die gleiche Anzahl an Früchten. Adam entging allerdings, dass Eva darauf achtete, dass die größten und schönsten auf ihrer Seite landeten. Das war wiederum nur deshalb möglich, weil Adam ja mit der Ernte beschäftigt war. Nun, der weitere Verlauf ist bekannt: Eva verkaufte einen Teil ihrer schönsten Früchte und kaufte sich von dem Erlös ein paar schöne Schuhe, während Adam ein paar Erntehelfer anheuerte und sie mit selbst gepflückten Früchten bezahlte.

Es wird deutlich, dass das Paradies nur eine Idealvor-
stellung ist, genau wie die Mathematik. Und wir können diesen Zustand auch nicht durch sie erreichen. Wir
sollten uns ziemlich schnell von dieser Illusion verab-
schieden. Das Paradies ist ein Zustand der permanen-
ten Instabilität und die Gerechtigkeit liegt nicht in einer
gerechten Verteilung der Früchte, sondern vielmehr in
Zerfall und Erneuerung, im Bewusstsein des Lebens an
sich, in dem Moment in dem es stattfindet und wir es
wahrnehmen dürfen. Also weiter so? Nein, ganz bestimmt nicht! Die heutigen Vorstellungen von Gerechtigkeit, eine Mischung aus Geld und Moral, sind eine
Mischung aus Zahlen und Gefühlen, die sich unverein-
bar gegenüberstehen: Was kostet ein Menschenleben?
Die Verteilung der Früchte auf der Erde ist naturgemäß nicht gerecht. Trotzdem haben alle Lebewesen ihren Platz gefunden. Dieser Platz ist natürlich begrenzt.
Wieso sollten wir diese natürliche Verteilung, aufgrund
einer idealen Vorstellung von Gerechtigkeit beseitigen?
Wohl doch nur wegen des eigenen Vorteils. Moral und
Gerechtigkeit sind Luxusartikel: Man kann sie sich nur
auf Kosten anderer leisten. Gestern waren es Plünde-
rungen, Kreuzzüge, Kolonialisierungen und Kriege. Es
ist an der Zeit, dass sich die sogenannte Zivilisation bei
den Naturvölkern entschuldigt. Denn sie waren die ersten Opfer der Arroganz eines vermeintlichen Wissens,
dass zunächst aus religiösem Glauben bestand, mit der
sie ihre angebliche Vorherrschaft begründeten. Dabei
ist heute wie damals klar, dass es dabei um Ausbeutung

ging, der den eigenen Wohlstand mehren sollte. Heute führen wir Krieg gegen die Natur. Sie interessiert sich nicht für die Gerechtigkeit von Individuen, sie regelt es durch immer neue Nachkommenschaft, die sich durch Nahrung und Paarung gegenseitig im Gleichgewicht halten. Der Humanismus war immer eine Verhandlungssache der Menschheit und nicht der Natur. Ich möchte nicht falsch verstanden werden: Ich rede nicht dem Kapitalismus das Wort, der für die Ausbeutung von Mensch und Natur Verantwortung trägt. Vielmehr geht es um die natürliche Zuordnung der Lebensräume und die Verteilung der Rohstoffe. Beide gehören, zusammen mit der Kultur zum Selbstbestimmungsrecht der Völker. Mathematische Systeme sind Systeme des Wachstums, durch Abhängigkeit und Verantwortungslosigkeit. Sie haben das natürliche Gleichgewicht, vor allem der Entwicklungsländer aufgehoben: Waren es Anfangs humanitäre Hilfsmaßnahmen, so wird heute mit industriell hergestellten Nahrungsmitteln ihre Selbstversorgung zerstört. Dies führte zur Überbevölkerung und am Ende zu mehr Toten. Die Realität ist weit mehr als die Summe aller Wahrnehmungen und sie erzeugt das Gefühl, dass wir sehr bald alles was wir damit in Verbindung bringen, verlieren werden. Den Anfang hat der Mensch gemacht, alles was folgt, legt die Kommunikation der Natur fest. Unser Bewusstsein verschwindet Stück für Stück mit den Arten, und es wird wie sie, so schnell nicht wieder zurückkehren. Wer in und mit der Natur lebt und sich den mathematisch idealisierten und den ideologisch, religiösen Räumen weitgehend entzogen hat, der spürt diese Veränderungen schon länger.

Es ist mir sehr bewusst, dass nicht wenige Menschen, gerade die, die in Akademikerfamilien leben und groß werden, die Sichtweise der Apokalypse ablehnen, ihr zumindest sehr skeptisch gegenüberstehen. Zu Recht, muss ich zugeben. Allzu oft wurde das Ende der Welt prophezeit, nicht selten von ihnen selbst um davon zu profitieren. Jedenfalls hat es sich nie erfüllt. Doch hier geht es nicht um eine Prophezeiung, sondern um Zahlen an die diese Menschen glauben und von denen sie ebenfalls profitieren. Die Wahrheit zeigt sich oft in der Akzeptanz und Anerkennung des selbst gelebten Widerspruchs, vor allem dann, wenn die Zahlen plötzlich das Gegenteil bedeuten und Wohlstand und Sicherheit in Gefahr geraten. Dann ist Politik oft genug die Verantwortung der Anderen, und die gesellschaftliche Umsetzung der Lüge in die eigene Tasche: Wir wissen beispielsweise, dass ein Tempolimit sofort positive Auswirkungen auf die Umwelt hat. Aber es werden die gewählt, die den Spaß an Protzerei, Geschwindigkeitsrausch und Gewinnorientierung gewährleisten.

Festlegungen jedweder Art, laufen dem natürlichen Prozess ständiger Veränderungen von Zerfall und Erneuerung, entgegen. Die Schaffung mathematisch idealisierter Räume, war wohl der Wunsch, der Natur etwas dauerhaft Beständiges entgegen zu setzen, beispielsweise etwas wie Gold. Das weckte hohe Erwartungshaltungen in allen Lebensbereichen der modernen Gesellschaft, die sich aus zwei Quellen speisen: Der

Wirtschaft, die alle materiellen Wünsche erfüllen soll und einem Finanzwesen, dass diese Vorstellungen finanziert. Es ermöglicht das Leben in Städten - Lebensräume ohne Natur, die keine Zukunft haben. Denn das Wachstum konzentriert Geld und macht das Leben im mathematisch idealisierten Raum unbezahlbar. Lange Zeit war der Wert des Geldes an das Gold gebunden, das den Bestand von Münzen und Geldscheinen regulierte. Diese Bindung stand, grob betrachtet, dem Wachstum und der Wirtschaftsentwicklung entgegen und wurde aufgegeben. Losgelöst von der Physis des Goldes, konnte sich beispielsweise Wirecard 1,9 Milliarden auf's Konto buchen. Sein Wert ist nur noch an den Glauben daran gebunden. Schulden wurden und werden, von wem auch immer, bezahlt. Banken und Konzerne haben das Finanzmonopol der Staaten längst aufgehoben. Mit der Eröffnung der Spielkasinos und Wettbüros an den Börsen lassen sich, praktisch ohne Gegenwert, Milliardenbeträge im Sekundentakt „verdienen". Das Drucken von Geld ohne Gegenwert, mag kurzfristig ein Mittel der Stabilität sein, etwa um Arbeitsplätze zu sichern oder Produktionen umzustellen. Es zerstört aber die Natur und weckt andere unerwünschte Begehrlichkeiten, beispielsweise für militärische Ausgaben, die zur Destabilisierung militärischer oder politischer Gleichgewichte führen können.

Politik und Wissenschaft sehen nun in der effizienten Hochtechnologie und künstlichen Intelligenz eine Möglichkeit zur Verringerung der Emissionen. Nun will man uns den Quantencomputer verkaufen. Was kann der anderes, als die jetzigen Rechner, außer schneller rechnen? Ihre Herstellung verbraucht Rohstoffe und im Betrieb verbrauchen sie, genau wie die jetzigen Rechner Strom. Aus der Erfahrung wissen wir, dass alte und neue Systeme oft nebeneinander existieren, entweder weil die Versorgungssicherheit nicht gewährleistet ist, oder weil ein Rückbau schlicht zu teuer ist. Außerdem wissen wir, wie schnell Einsparungen aufgrund von Effizienz, durch einen günstigeren Preis am Markt zu mehr Konsum und zu mehr Müll führen, keineswegs aber zu mehr Lebensqualität. Angesichts des weiteren Abbaus von Rohstoffen und kaum nennenswerter Recyclingprozesse, sollte hinter diesen Überlegungen ein großes Fragezeichen gemacht werden und sind die Milliarden für die Bestätigung einer Theorie durch einen Teilchenbeschleuniger nicht besser, z. B. in die Beseitigung des Atommülls, investiert? Ich bin ziemlich sicher, dass auch zahlreiche Physiker dem zustimmen würden.

Es sind wohl Anzeichen von Vergiftungen in unserer Umwelt, die unsere Kommunikation nachhaltig verändert haben und die sich in den unterschiedlichsten Formen zeigt. Der Mensch hat mit der Digitalisierung das vorläufige technische Ende der Kommunikation erreicht: Mit der Zuweisung einer elektrischen Ladung zu Null und Eins, ist die umfassendste und vielfältigste Kommunikation auf der technischen Grundlage von nur zwei Informationen möglich. Wer die Kommunikation beherrscht, beherrscht den Raum und Kommunikation ist Manipulation: Kapitalismus führt zu Monopolisierungen in der Medienlandschaft. Der Kampf um die Inhalte führt unterdessen zur größten Kommunikationskrise in der Menschheitsgeschichte. Es ist der Beginn des Endspiels und die beendet nicht nur die Zeit der Hundertjährigen.

Angesichts der Probleme auf allen Feldern der irdischen Kommunikation, wäre es notwendig, dass der Mensch sämtliche Aktivitäten einstellt. Gewiss, eine utopische Vorstellung, die nicht mehr viel mit dem gewohnten Leben zu tun hat. Die Vorstellungen, an Hunger und Krankheiten zu sterben, mit einem Lebensstandard wie im Mittelalter, sind auch nicht prickelnd. Zur Wahrheit gehört auch, dass ich in Gesprächen selten vernommen habe, dass ein Umbau möglich ist. Allgemein herrscht sehr wenig Optimismus, vor allem wenn es um Verzicht geht. Allzu unterschiedlich sind die Interessen und Meinungen zu diesen Themen. Was also können wir tun, sofern uns der Klimawandel mit seinem exponentiellen Wachstum, verursacht durch die Summierung der Kipppunkte, noch die Zeit lässt? Betrachten wir die zwei Möglichkeiten die uns zur Wahl stehen: a) Weitermachen wie bisher, oder b) umsteuern, wonach es zurzeit aussieht. Unabhängig davon, für welchen Weg wir uns entscheiden: Das Ergebnis wird uns in beiden Fällen nicht gefallen: Im ersten Fall werden wir große Verluste durch die zu erwarteten Wetterkatastrophen erleiden. In deren Folge dürfte es zur Verknappung von Wasser und Nahrungsmitteln kommen, die von Hamsterkäufen und sozialen Unruhen begleitet werden. Im zweiten Fall kommen zu den eben geschilderten Szenarien weitere soziale Verwerfungen hinzu: Die CO2 Einsparungen führen zu einer hohen Arbeitslosigkeit und weiteren sozialen Unruhen.

Die Natur mag keine Monokulturen. Ihre Stabilität steht auf den Säulen unzähliger Arten, die sich gegenseitig regulieren und von der die Gesundheit im Lebensraum abhängt. So verhält es sich auch in einem gesunden Staat: Nur die Meinungsvielfalt und Freiheit garantieren dauerhafte Stabilität. Staatliches Handeln sollte sich eher auf konsequenten Umweltschutz und die Regulierung und Pflege des demokratischen Lebensraums beschränken. Kommunikation ist ein physikalischer Prozess, der durch Informationen gesteuert wird: Mit ihrer Zunahme wächst die Massenträgheit, die das praktische Leben behindern. Das sogenannte Vorsorgeprinzip in der BRD, ist ein hehres Ziel, bedeutet aber in der Praxis die Übernahme der Verantwortung für jedes Einzelschicksal. Ähnlich wie in der Beziehung zwischen Eltern und Kind, steht der Staat in der Verantwortung seinen Bürgern einerseits den Schutz und andererseits die notwendige Freiheit zu gewähren, damit ein selbstbestimmtes Leben möglich ist. Allein das Verhältnis von 2:1 (Eltern zu Kind), verdeutlicht die Überforderung eines Staates. Der Versuch mit Hilfe bürokratischer Mittel, im Spagat zwischen GG und BfG, dieses Ziel zu erreichen, stellt die Theorie über die Praxis und macht ihn damit handlungsunfähig. Erforderlich sind Bürokratieabbau durch Bürgerbeteiligung und Volksabstimmungen, etc. Damit übernimmt die Bevölkerung die Verantwortung für eigene Entscheidungen, die in einer parlamentarischen Demokratie durch die gewählten Volksvertreter eher die Ausnahme sind. Staatliche Hoheitsaufgaben sind u.a.: Die Unterbindung und Verhinderung von Monopolisierungen jeglicher Art in privater Hand; Spekulationen mit lebensnotwendigen Gütern; Entkoppelung existenzieller Versorgungssysteme vom Internet. Es sollte alles vermieden werden, was Geld generiert und konzentriert: Handel mit Verschmutzungsrechten, sowie der Strom- und Börsenhandel, soweit er dem Umweltschutz entgegensteht. Die Geldmenge ist grundsätzlich zu begrenzen und sein Wert langfristig an die Reinheit von Boden, Luft, Wasser, Lebensmittel und die Ausweisungen von Naturschutzgebieten im Verhältnis zur Gesamtfläche eines Landes, zu binden.

Eine unbelastete Natur, mit unbelasteten Nahrungsmittel, sind das Kapital der Zukunft. Davon könnte Deutschland mehr profitieren, als von der Herstellung Exportorientierter Technologien mit all ihren Nachteilen. Es wäre schon ein Erfolg, wenn wir es innerhalb der nächsten zwanzig Jahre schaffen könnten, einen Zustand wie zwischen 1950 und 1960, zu erreichen: Eine möglichst große Eigenversorgung der Bevölkerung, beispielsweise durch einen selbstgenutzten Garten. Ich halte dies für den wichtigsten Beitrag, vor allem durch die zahlreichen positiven Nebeneffekte: Es würde, in Verbindung mit dem Ausbau der erneuerbaren Energien, zu weniger Transport- und Individualverkehr führen. Die Bearbeitung eines Gartens und die selbst geernteten Nahrungsmittel sind nicht nur gesund, sie führen zu einem anderen Bewusstsein für die Natur insgesamt. Ein bedingungsloses Grundeinkommen, oder eine Grundsicherung sind zur Existenzsicherung unabdingbar. In Punkto Hochtechnologie scheint der Zug für Deutschland längst abgefahren zu sein. Dennoch liegt im Umbau der Autobahnen zu Hyper Loop Anlagen eine Möglichkeit der Mobilität, weil der Transport weitgehend kontaktlos zur Umwelt stattfindet. Rückbau von Straßen und versiegelten Flächen, die idealerweise auch zu Wasserspeichern umgebaut werden könnten. Dies wird wohl mit Abstand die größte psychologische Herausforderung, größer als der Wiederaufbau nach einem Krieg. Ich sehe zu diesen, gewiss ambitionierten Zielen keine Alternative.

Unser Bildungssystem bildet Nachwuchs aus, der weit entfernt von der Natur ins mathematisch orientierte Wirtschaftsleben passen soll. Dieser Bildungsuniformismus „tötet" die Neugier und Kreativität der Kinder und lenkt ihr Denken in marktgerechte Bahnen. Möglicherweise erzielt eine Gesellschaft bessere Ergebnisse, wenn die Bildungssysteme für alle Wahrnehmungen offen sind. „Intelligent life is all around us", heißt es in einem Song von Peter Gabriel. Intelligenz ist eine gesamtorganische Fähigkeit der Wahrnehmung, Denken ist nur ein Teil davon. Es hat gute Gründe, warum Kinder das Leben zuerst in der Praxis Be-Greifen lernen und später durch die Theorie ergänzen. Ausgerichtet ist das Denken für das Erkennen und die Beurteilung der Gegenwart. Wäre das Denken ein zielorientierter Ergebnisprozess, dann wüssten die Alchemisten schon lange wie man Gold herstellt. Die Gleichberechtigung aller Wahrnehmungen, sollte sich auch im Bildungswesen wiederspiegeln. Campusse und Wissenschaften dürfen keine Bildungstresore sein: In diesem Sinne sollte die Abschottung der Hochschulen beendet, für alle Gesellschaftsschichten geöffnet und die interdisziplinäre Zusammenarbeit der Wissenschaften gefördert werden. Für eine Nation mit dem Anspruch bei der Bildung, als wichtigste Recource, Weltmarktführer zu sein, ein nicht hinnehmbarer Zustand. Wir können es uns nicht leisten, auf bildungshungrige Kinder zu verzichten, wir brauchen ihre Kreativität, ihren Optimismus, ihre Lebensfreude, aber auch ihre Ermahnungen.

Der Mensch will sich wohlfühlen! Dieses Ziel erreichen wir eher mit Verzicht auf Müllproduktion und einer gesunden Umwelt. Es fällt mir schwer an einen „lieben Gott" zu glauben, genauso wie an den „gesunden Menschenverstand": Denn, wer würde schon mit seinem Auto durch seinen Garten fahren? Genau das tun wir und wir bilden uns ein, durch die Abgrenzung mathematisch idealisierter Räume, in Privat und Öffentlich, blieben wir von den negativen Auswirkungen verschont. Dass wir alle bekloppt sind, scheint wohl außer Frage zu stehen. Deshalb muss die Frage lauten: Ist man ein angenehmer oder ein unangenehmer Bekloppter? Und so bleibt letztlich nur der Glaube an das Gute im Menschen: Bleiben Sie friedlich und wahren Sie die Menschenwürde, dann kann die Transformation gelingen. In diesem Sinne mögen meine guten Wünsche Sie durch die Ereignisse begleiten.

Metamorphose

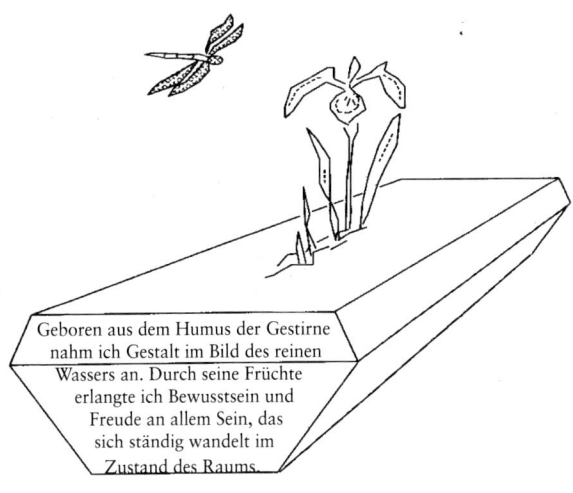

Geboren aus dem Humus der Gestirne
nahm ich Gestalt im Bild des reinen
Wassers an. Durch seine Früchte
erlangte ich Bewusstsein und
Freude an allem Sein, das
sich ständig wandelt im
Zustand des Raums.

*Der Mensch ist die Krone der Schöpfung und
er sollte sich so verhalten, dass er sie verdient.*

Quellenverzeichnis

1 Nobelpreis. In: Wikipedia, Die freie Enzyklopädie. Bearbeitungsstand: 12. Oktober 2018, 14:22 UTC. https://de.wikipedia.org/w/index.php? title=Nobelpreis&oldid=181727066 (Abgerufen: 23. Oktober 2018, 20:23 UTC)

2 Vitruvianischer Mensch. In: Wikipedia, Die freie Enzyklopädie. Bearbeitungsstand: 13. Oktober 2018, 15:30 UTC. https://de.wikipedia.org/ w/index.php?title=Vitruvianischer_Mensch&oldid= 181755887 (Abgerufen: 23. Oktober 2018, 19:57 UTC)

3 Fibonacci, Leonardo. In: Wikipedia, Die freie Enzyklopädie. Bearbeitungsstand: 18. August 2018, 13:14 UTC. https://de.wikipedia.org/ w/index.php?title=Leonardo_Fibonacci&oldid=180123840 (Abgerufen: 23. Oktober 2018,
19:51 UTC)

4 Escher, Maurits Cornelis, TACO Verlagsgesellschaft und Agentur mbH 1986, Hauptstr, 9, 1000 Berlin 62. Metamorphose I, Holzschnitt, 1937 Seite 22, Bild 25.

5 Seite „Entdeckung der Kernspaltung". In: Wikipedia, Die freie Enzyklopädie. Bearbeitungsstand: 11. Juli 2019, 12:48 UTC. URL: https://de.wikipedia.org/w/index.php?title=Entdeckung_der_Kernspaltung&oldid=190334422 (Abgerufen: 29. September 2019, 17:34 UTC)

6 Wikipedia contributors. (2018, July 20). Sabine Hossenfelder. In Wikipedia, The Free Encyclopedia. Retrieved 14:27, July 24, 2018, https://en.wi- 126 kipedia.org/w/index.php?title=Sabine_Hossenfelder& oldid=851219862" https://en.wikipedia. org/w/index. php?title=Sabine_Hossenfelder&oldid= 851219862

7 Heisenberg and Einstein, Quantum Mechanics: 1925 -1927 Von: Heisenberg, Der Teil und das Ganze, München: Piper, 1969, S. 79 - 80.

8 Dürr, Hans-Peter: Warum es ums Ganze geht, oekom Verlag, Gebundene Ausgabe 2009, 1. Auflage ISBN 978- 3-86581-173-8, S. 87, 158

9 Einstein, Albert: Zur Elektrodynamik bewegter Körper. In: Annalen der Physik. 322, Nr. 10, 1905

10 Minkowski, Hermann: Raum und Zeit. Vortrag, gehalten auf der 80. Naturforscher-Versammlung zu Köln am 21. September 1908. In:Jahresberichte der Deutschen Mathematiker-Vereinigung 1909

11 Irreversibler Prozess. In: Wikipedia, Die freie Enzyklopädie. Bearbeitungsstand: 10. September 2018, 07:56 UTC. https://de.wikipedia.org/ w/index.php?title=Irreversibler_Prozess&oldid= 180789447 (Abgerufen: 7. Oktober 2018, 10:24 UTC)

12 Hawking, Stephen: Eine kurze Geschichte der Zeit, a.a.O. S. 50

13 Focus online, vom 08.11.18 11:08 (Abgerufen: 12.11.2018)

14 Hawking, Stephen: Eine kurze Geschichte der Zeit, a.a.O. S. 21

15 Reclams Universalbibliothek Nr. 9948, ISBN 978-3-15-009948-3
Werner Heisenberg, Quantentheorie und Philosophie, S. 59

16 CERN. In: Wikipedia, Die freie Enzyklopädie. Bearbeitungsstand: 20. September 2018, 20:36 UTC. https://de.wikipedia.org/w/index.php?title= CERN&oldid=181084564 (Abgerufen: 7. Oktober 2018, 09:59 UTC)

17 Hawking, Stephen: Eine kurze Geschichte der Zeit, a.a.O. S. 75, Kapitel 4

18 Evolutionstheorie. In: Wikipedia, Die freie Enzyklopädie. Bearbeitungsstand: 5. September 2018, 13:26 UTC. https://de.wikipedia.org/w/index. php?title=Evolutionstheorie&oldid=180654775 (Abgerufen: 26. Oktober 2018, 20:02 UTC)

19 Wikipedia contributors. (2018, February 20). Form follows function. In Wikipedia, the Free Encyclopedia. Retrieved 11:30, March 7, 2018, https://en.wikipedia. org/w/index.php?title=Form_ follows_function&oldid=826644144" https:// en.wikipedia.org/w/index.

php?title=Form_follows_ function&oldid=826644144 130

20   http://ec.europa.eu/eurostat/statistics-explained/ index.php?title=Causes_of_death_statistics_-_ people_over_65

21 Stangl, W. (2018). Stichwort: Flynn-Effekt. Online Lexikon für Psychologie und Pädagogik. WWW: http://lexikon.stangl.eu/7369/flynn-effekt/ (Abgerufen: 2018-10-05)

22 Hawking, Stephen: Eine kurze Geschichte der Zeit, a.a.O. S. 45 - 47

23, 24 Dürr, Hans-Peter: Warum es ums Ganze geht, oekom Verlag, a. a. O. S. 24 und 37-40